装甲车辆底盘构造与原理

崔志琴　王晓华　景银萍　徐忠四◎编著

STRUCTURE AND PRINCIPLE OF ARMORED VEHICLE'S CHASSIS

北京理工大学出版社
BEIJING INSTITUTE OF TECHNOLOGY PRESS

内 容 简 介

本书以军民两用轮式车辆底盘部分的基本结构为主线，首先，阐述了轮式装甲车的产生与发展、军民两用轮式车辆的基础概念、总体构造和布置特点，详细介绍了底盘部分传动系统、行驶系统、转向系统和制动系统的结构组成、工作原理、主要功用和性能特点等；然后，引进了轮式车辆发展的最新成果，让读者了解本专业在军、民两行业的前沿技术进展；最后，对履带式装甲车辆的总体构造、传动系统及行驶系统的组成、结构、功用、性能等基础知识也有全面的涉及，整体性比较完善，便于读者系统掌握。

本书可作为高等院校装甲车辆专业本科生的教材，也可供普通车辆专业的学生和工程技术人员学习参考。

图书在版编目（CIP）数据

装甲车辆底盘构造与原理 / 崔志琴等编著. --北京：
北京理工大学出版社，2022.3
ISBN 978-7-5763-1145-7

Ⅰ．①装…　Ⅱ．①崔…　Ⅲ．①装甲车-底盘-车体结构　Ⅳ．①TJ811

中国版本图书馆 CIP 数据核字（2022）第 047365 号

出版发行 / 北京理工大学出版社有限责任公司
社　　址 / 北京市海淀区中关村南大街 5 号
邮　　编 / 100081
电　　话 / （010）68914775（总编室）
　　　　　 （010）82562903（教材售后服务热线）
　　　　　 （010）68944723（其他图书服务热线）
网　　址 / http://www.bitpress.com.cn
经　　销 / 全国各地新华书店
印　　刷 / 保定市中画美凯印刷有限公司
开　　本 / 787 毫米×1092 毫米　1/16
印　　张 / 8.75
字　　数 / 175 千字
版　　次 / 2022 年 3 月第 1 版　2022 年 3 月第 1 次印刷
定　　价 / 46.00 元

责任编辑 / 孟雯雯
文案编辑 / 宋　肖
责任校对 / 周瑞红
责任印制 / 李志强

20 世纪 90 年代以来，国际政治和军事格局发生了极大变化，地区性冲突和低强度战争成为主要作战样式，以城市作战、防暴、反恐、维和为主要形式的局部战争与日俱增。在这种新的作战形势下，原来为大规模战争发展的重型装甲车辆由于运输和部署困难，难以适应新的作战样式，而轮式装甲车辆因其重量轻、战术机动能力强、火力适中、易于部署的优势成为现代作战部队理想的选择。20 世纪 90 年代后，世界上掀起了一股发展轮式装甲车辆的热潮，世界各军事强国都在积极研制和装备满足不同作战形式、国家安全及反恐维和需求的轮式装甲车辆，并逐渐成为现代战争使用的最主要武器装备之一。

我国轮式装甲车辆的起步较晚，中华人民共和国成立之后，有选择地引进生产了部分苏联的装甲战斗车辆，其中并没有轮式装甲车，在 20 世纪 50 年代研制的 WZ521 轮式装甲车只起到了部分的临时替代作用。新中国由于工业基础薄弱，这种轮式装甲车实际上只是一种装甲汽车，并不是真正的轮式装甲车。80 年代初，国内再次重启了轮式装甲车的研制，新型的 WZ523 轮式装甲车是在东风 EQ245 型 6×6 越野卡车的基础上研制的。在实际的应用中，暴露出了越野能力低下的缺点，但其发展速度很快，而且技术水平较高。目前，我国研制和装备的 WZ551 系列轮式装甲车在技术性能上已经达到国外同类先进装甲车的水平，而中国 92 式轮式步兵战车（正文中省略"中国"二字）就是该系列装甲车族中的杰出代表。

为了适应形势发展的需要，2012 年经教育部统一规划，国内开设有地面武器机动工程专业的几所学校将原来地面武器机动工程专业改为装甲车辆工程专业，以满足装甲车辆行业技术人员知识更新和培养专业人才的要求。目前，全国有四所高等院校开办这个专业，即北京理工大学、南京理工大学、重庆理工大学和中北大学，各校的培养方案与课程设置均有较大改变。中北大学的装甲车辆工程专业结合对相关院校的调研、相关用人单位的反馈需求、市场需求和应用背景等方面，研究对象定位为轮式装甲车辆为主兼顾履带式装甲车辆。因此，为了适应装甲车辆工程专业新的发展需求，紧密结合"教学内容和课程体系改革是人才培养模式的着重体现"的教学精神，我们编写了本书。

本书的编写是以军民两用轮式车辆底盘部分的基本结构为主线；首先，阐述了轮式装甲车的产生与发展、军民两用轮式车辆的基础概念、总体构造和布置特点，详细介绍底盘部分传动系统、行驶系统、转向系统和制动系统的结构组成、工作原理、主要功用和性能特点等；然后，引进轮式车辆发展的最新成果，让学生了解本专业在军、民两行业的前沿技术进展；最后，对履带式装甲车的总体构造、传动系统及行驶系统的组成、结构、功用、性能等基础知识也有全面的涉及，整体性比较完善，便于学生系统掌握。

本书共9章，由中北大学崔志琴、王晓华、景银萍、徐忠四编著。其中第1~3章由崔志琴教授编写；第4~6章由王晓华编写；第7章、第8章由景银萍编写；第9章由徐忠四编写。全书由崔志琴教授拟定编写大纲和统稿。

本书在编著过程中参考了大量各种装甲车辆学方面的教材、专著等文献资料，对这些文献的作者表示衷心感谢。本书可作为高等院校装甲车辆专业本科生的教材，也可供普通车辆专业的学生和工程技术人员学习参考。

限于编者的水平，书中难免有疏漏和不妥之处，敬请广大读者批评和指正。

本书的出版得到山西省优势学科攀升计划和中北大学教材建设基金的资助支持。

编著者

2021 年 10 月

目　录
CONTENTS

第1章
装甲车辆概述

1.1　装甲车辆的产生和发展

1.1.1　坦克装甲车辆的产生和发展

1. 坦克的定义

坦克是一种具有较强的直射火力、较高的越野机动性和较强的装甲防护力的武器，主要用于地面突击的履带式装甲战斗车辆。它攻守兼备，可以在复杂的地形和气候条件下担负多种作战任务，主要用于与敌坦克及其他装甲战斗车辆作战，也可以压制、消灭反坦克武器和其他炮兵武器，摧毁野战工事，歼灭敌人有生力量。"坦克"一词源于英语"tank"音译，原意是储存液体或气体的容器和大罐，它是坦克首次参战前，为保密而取的代号。此后，一直被世界各国沿用至今。

2. 坦克的诞生

坦克的诞生是科学技术发展与战争需要相结合的产物。

1）科技基础

蒸汽机技术、内燃机技术、火炮技术、装甲和履带推进技术都已基本成熟，火炮已被广泛用于战场，造船业和锅炉工业的发展能够提供钢铁铠甲，内燃机可以为军用车辆提供动力，这些为坦克的产生奠定了技术基础。

2）战争需要

第一次世界大战期间，由于机枪、火炮的大量使用，战场上出现了"依堑壕对峙"的僵持局面，交战双方为突破由堑壕、铁丝网、机枪火力点组成的防御阵地，打破阵地战的对峙僵局，迫切需要研制一种将火力、机动、防护三者有机结合的新式武器。1914 年，英国的 E. D. 斯文顿上校率先提出了利用履带式拖拉机安装武器和装甲板，制造坦克的设想，该建议被英国政府采纳，并于 1915 年 8 月试制了世界上第一辆坦克车；1916 年，英国又生产了第二辆样车——Ⅰ型坦克，如图 1.1 所示。1916 年 9 月 15 日，首批 49 辆Ⅰ型坦克在索姆河战场首战告捷，震惊世界，这是世界上第一批用于实战的坦克。

图 1.1　英国 I 型坦克

继英国第一次成功地使用了 I 型坦克后，法国、德国也竞相生产使用坦克作战。其中，战争后期法国生产的"雷诺"FT-17 坦克（图 1.2）第一次安装了旋转炮塔和弹性悬挂装置，具备了现代坦克的雏形。它是当时生产数量最多（3 000 多辆）、影响最广的坦克，战后为许多国家所效仿。坦克的问世，开始了陆军机械化的新纪元，对以后的军事行动产生了深远的影响。

图 1.2　法国"雷诺"FT-17 坦克

3. 坦克的发展

第二次世界大战后至今，坦克已经发展到了第四代。1945—1960 年生产的坦克称为第一代坦克；1961—1975 年生产的坦克称为第二代坦克；1976 年以后生产的坦克称为第三代坦克。目前，世界各主要坦克生产国家都致力于采用新技术，大力改进第三代主战坦克并研制生产第四代坦克。

1.1.2　其他装甲车辆的产生和发展

装甲车辆除坦克外，还有装甲输送车、步兵战车、自行火炮、战斗保障车辆等。

1. 装甲输送车

装甲输送车是输送步兵的越野战斗车辆，主要用于伴随坦克的作战行动，解决坦步协同问题。虽然装甲输送车的发展早在第一次世界大战时就已经开始了，但是由于当时的坦克性能差、数量少，坦步协同的矛盾还不突出，因此没有得到进一步的发展。在第二次世界大战中，只有美国和德国的步兵装备了半履带式的装甲输送车，其他国家的步兵大部分仍搭乘卡车。卡车越野能力差，没有装甲防护，难于实现伴随坦克行动。因此，这一时期坦步协同问题没有真正解决。装甲输送车真正的发展是在战后，如苏联的 BTP－60 轮式装甲输送车（图 1.3）、美国 M113 履带式装甲输送车（图 1.4）、法国 M3 轮式装甲输送车和英国 FV－432 履带式装甲输送车等。其中，尤以美国 M113 履带式装甲输送车和法国 M3 轮式装甲输送车影响最广。它们由于成本低、可靠性好、变型能力强而深受欢迎，目前世界上仍有许多国家使用和装备这两种装甲输送车。我国从 20 世纪 60 年代开始生产自己的装甲输送车，先后装备了 63 式装甲运输车和 90 式装甲输送车。

图 1.3　苏联 BTP－60 轮式装甲输送车

图 1.4　美国 M113 履带式装甲输送车

2. 步兵战车

装甲输送车虽然为步兵提供了必要的机动力和一定的装甲防护力，但与坦克配合作战的能力还非常有限。特别是多数装甲输送车仅装有 20 mm 口径的机关炮或是 12.7 mm 的高射机枪，火力较弱，只能用于自卫，而较薄的装甲，因此其防护力较差。

随着坦克技术的发展，特别是核武器出现以后，传统的装甲输送车已不能完全适应步兵乘车战斗的火力以及在核条件下部队快速机动作战的要求,这一点已被第二次世界大战后多次局部战争的实践所证明。所以,为了把装甲输送车由单纯的输送工具发展为战斗工具,20 世纪 60 年代后期,一些国家开始了步兵战车的研制。

步兵战车是装甲输送车发展的结果,除担负输送步兵的任务外,还是步兵的"基本战斗工具",它既可以协同坦克作战,也可独立作战,具有等于或高于主战坦克的越野机动性,满足了现代化战争条件下对步兵快速机动作战的要求。

主要车型包括美国 M723 步兵战车、美国 LAV-25 轮式步兵战车(图 1.5)、苏联 BMP-3 步兵战车(图 1.6)、德国"黄鼠狼"步兵战车和法国 AMX-10P 步兵战车等。步兵战车上安装有旋转炮塔,一般采用一门 20~35 mm 口径高平两用机关炮,并在车上安装有步兵用的作战器械及反坦克导弹等多种武器,具有较强的火力,能消灭敌方的轻型装甲战斗车辆、反坦克武器、有生力量及其他对己方主战坦克有严重威胁的火力点,能对付低空目标,并能在远距离上与敌坦克作战。步兵战车的多种武器,使其可以与主战坦克构成互为补充的火力系统。

图 1.5 美国 LAV-25 轮式步兵战车

图 1.6 苏联 BMP-3 步兵战车

步兵战车机动性强,而且多数具有两栖作战能力,陆上最大速度履带式步兵战车一般为 65~75 km/h,轮式步兵战车一般为 80~115 km/h。步兵战车水上最大速度多为 6~

10 km/h。步兵战车良好的越野机动性，使得其可承担多种战斗任务，如高速度进攻；大纵深穿插迂回；抗击反冲击和突击；强渡江河湖泊；在两栖作战中，直接实施登陆作战等。

3. 自行火炮

装甲战斗车辆中，另一种主要装备是自行火炮，它多装备于炮兵部队，主要用在战斗中对坦克和机械化步兵进行不间断掩护与火力支援，或掩护步兵免受敌机的攻击。自行火炮多借用已有的装甲车辆底盘改装而成，它属于二线武器，其特点是火炮口径大，但装甲防护不如第一线作战的坦克。

20 世纪 20 年代自行火炮已经开始使用，第二次世界大战中，坦克性能的改进和提高，对炮兵不间断的火力支援提出了新的要求，因此这期间自行火炮开始得到发展。第二次世界大战后由于出现了能探测火炮发射位置的新型雷达，为了适应火炮阵地及时转移的需要，自行火炮得到了进一步的发展，如苏联 M–1974 式 122 mm 自行榴弹炮（图 1.7）的最大特点是具有两栖作战能力。目前，我国装备有 83 式 152 mm 自行加榴炮（图 1.8）、70 式 122 mm 自行榴弹炮和 70 式 130 mm 自行火箭炮等。

图 1.7　苏联 M–1974 式 122 mm 自行榴弹炮　　　图 1.8　中国 83 式 152 mm 自行加榴炮

4. 战斗保障车辆

战斗保障车辆包括所有用于在战场上直接保障坦克部队战斗行动的车辆，如执行侦察、工程保障、通信、救援、运载等任务。这些车辆大部分具有一定的自卫或作战能力，它们与战斗车辆一起组成了相互结合的一个战斗整体。

没有它们，坦克等战斗车辆就不可能实施有效的战斗行动。因此，早在 20 世纪二三十年代，许多国家就已注意到这些配套车辆的发展，并借用已有的装甲车辆底盘改装了一系列的保障车辆。如英国利用"卡登·洛埃德"超轻型坦克底盘改装有装甲指挥车、武器运输车、弹药输送车等变型车；法国利用"雷诺"轻型坦克底盘改装的车辆更多，先后有架桥车、推土车、物资输送车、烟幕施放车等。在现代战争条件下，战斗行动流动性大，机动性高，用于保障配套的车辆种类繁多，往往需要耗费大量的财力和物力。因此，各国根据本国的实际情况和军事需要，在发展配套保障车辆上做法上不尽相同。但是，共同的一点是大力发展通用底盘,即利用各种战斗车辆的底盘来发展该种战斗车辆的配套保障车辆,以期减少研制周期和费用,提高车辆的可靠性。

1.2 装甲车辆的分类及在战争中的地位与作用

1.2.1 装甲车辆的分类

由上述分析可知,装甲车辆的类型主要有坦克、步兵战车、装甲输送车、自行火炮和战斗保障车辆等。实际上区分装甲战斗车辆类型的方法有多种,按作战使用情况可分为突击战斗车辆、战斗保障车辆、火力支援车辆和工程技术后勤保障车辆,如图1.9所示;按车辆行走机构可分为履带式和轮式装甲车辆;此外,还可以根据车辆的重量等区分为重型、中型和轻型。

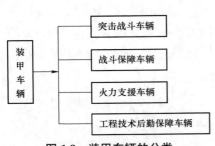

图 1.9 装甲车辆的分类

1. 突击战斗车辆

突击战斗车辆包括坦克、步兵战车、装甲输送车,是装甲机械化部队的主要突击兵器。其中坦克以火力突击为主,排在第一线。步兵战车和装甲输送车以输送步兵、实现坦步协同为主,并以自身火力支援步兵战斗,一般排在坦克队形后200 m,突击装备的使命是:用强大的火力摧毁敌方各种火力点,消灭其装甲目标和有生力量,攻占敌方阵地,完成不同建制的任务。

坦克一般按战斗重量区分(1960年前)为轻型坦克(10~20 t)、中型坦克(20~40 t)和重型坦克(40~60 t)。按技术型的战斗任务(1960年后)区分为主战坦克和特种坦克(水陆坦克、侦察坦克、喷火坦克、扫雷坦克、架桥坦克等)。

2. 战斗保障车辆

战斗保障车辆包括侦察、情报、指挥、通信、信息处理和电子对抗等装备,这是构成装甲机械化部队指挥、控制、通信和情报(C³I)系统的基本单元。其使命任务是实施情报侦察、信息处理、信息传输、指挥自动化、电子对抗、位置报告及辅助决策等功能,构成战场上的指挥中心和信息网络,把各战斗单元连接为一个有机整体,增强战场时效。战斗保障车辆的类型如图1.10所示。

3. 火力支援车辆

火力支援车辆包括自行迫击炮、自行榴弹炮、自行多管火箭炮、自行高炮、自行反坦克导弹发射车、自行防空导弹发射车等。其主要使命任务是部署在我方阵地的自行高炮、自行反坦克导弹发射车,以各种火力压制和打击敌方目标,掩护和支援突击部队实施战术行动。火力支援车辆的类型如图1.11所示。

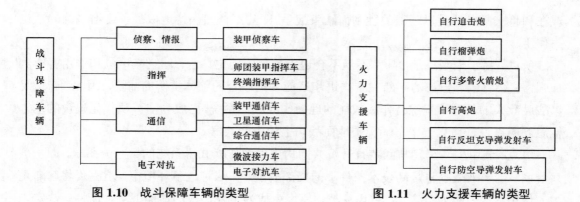

图 1.10　战斗保障车辆的类型　　　　　图 1.11　火力支援车辆的类型

4. 后勤保障车辆

后勤保障车辆在工程方面主要指架桥车；在技术方面主要包括装甲抢救车、技术保障车、检测维修车和修理工程车；在后勤方面主要包括坦克运输车、装甲补给车、装甲弹药车和装甲救护车。其任务使命是为突击部队提供各种伴随保障，克服障碍，对战伤坦克进行牵引、后送和抢修，保障战役机动并实施弹药、油料、器材的补给，保障装备是保持持续战斗力的重要条件。工程技术后勤保障车辆的类型如图 1.12 所示。

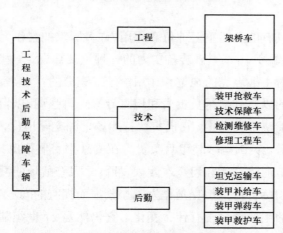

图 1.12　工程技术后勤保障车辆的类型

1.2.2　装甲车辆在未来战争中的地位与作用

21 世纪，陆军仍将是一个国家军事力量和国防实力的标志之一。就遏制与摧毁能力而言，海、陆、空乃至火箭军等具有相同的功能，然而对于战场争夺与取胜，则各有其不可替代的地位与作用。例如，在海战场，显然海军是责无旁贷的主战力量，空军、陆军等只能是支援力量；在空战场，空军是不可替代的主战力量，海军、陆军只能是支援力量；在陆战场，只有陆军是决胜力量，海、空军等无论发挥怎样显赫的打击能力，也只能是支援力量，最后夺取战争的胜利只能依靠陆军的突击与占领。最后，就战争总体而言，过去、现在和将来都必然是以陆战的胜利而结束战争,即陆军依然保持达成战争终结目的的地位与作用。

所以,对于未来战争,陆军不但不会退出战争的历史舞台,而且其地位和作用将得到加强,它必将依靠自己的不断完善与进步适应多维联合的整体抗衡的需要。因此,缔造足以战胜敌人的具有最优综合作战效能的地面作战武器系统,已成为陆军现代化建设的基本标志。所以说,坦克装甲车辆仍是地面战场上的中坚兵器。

坦克、装甲战斗车辆与武装直升机共同构成地面作战武器系统的第一分系统,即主战兵器系统。未来战争将是高技术条件下的局部战争,在这种战争环境中,坦克仍将起着重大的作用。这是因为:第一,以坦克战、反坦克战为主要形式的地面战场,仍将是决定未来战争结局的一个主战场;第二,以主战坦克作为主要突出兵器的陆军装甲机械化部队,是能在所有条件下进行地面作战、夺取要地并保持战果的主要突击力量;第三,海湾战争、伊拉克战争等典型的高技术条件下的局部战争证明,以高技术主战坦克为主装备的装甲机械化部队,是取得地面作战胜利的决定性因素。因此,未来战争仍需要也离不开新型主战坦克。主战坦克以其特有的将火力、机动和防护集成为一体的战斗性能,使其成为地面战场关键性的战术武器,在未来战争中仍将具有其他任何武器装备难以替代的作战效能和积极作用。

由于主战坦克所具有的上述重要地位和作用,许多国家把它作为陆军装甲机械化部队机动突击的中坚力量,作为国家军事装备实力的一种重要标志。一些专家或陆军负责人以发表文章等各种形式对主战坦克的地位和作用给予了充分的肯定,如“二战”后在使用坦克作战方面经验最多的以色列陆军负责人和坦克专家一再强调:以坦克为基础的装甲部队仍然是未来地面战场的决定性力量,它仍将保持战场上的支配地位,没有一种武器系统能完成坦克所执行的任务。英国皇家装甲兵负责人在文章中着重指出:“在 20 世纪,左右战争的有飞机、核武器、通信技术和坦克”四大发明;“现有战场的武器系统,坦克是世界范围的武器,它具有国际价值,坦克是作为国家象征而拥有的”。美国陆军也认为:在未来战场上,主战坦克的主要使命没有什么变化,它仍然是 21 世纪陆军近战部队的主要突击兵器。

综上所述,以主战坦克为主的地面武器作战系统,在未来战争中的重要地位和作用是不容置疑的,发展高新技术含量更高的新一代主战坦克,以更好地适应未来战争的需要,仍将是各军事强国追求的重要目标。

1.3 基本概念

1.3.1 装甲车辆主要技术指标

(1)动力性。汽车动力性指标是指汽车在良好的路面上行驶时由汽车受到的纵向力决定的，汽车所能达到的平均行驶速度。评价指标有汽车的最高车速 $V_{\max}$、加速时间（s）和最大爬坡度（%）。

（2）经济性：L/100 km（百公里耗油量）。

（3）制动性：制动距离、制动时的操纵稳定性。

（4）平顺性：乘坐的舒适程度。

（5）通过性：即接近角、离去角、纵向通过半径、横向通过半径和最小离地间隙、涉水深度（m）、最小转弯半径 $R_{\min}$，如图 1.13 所示。

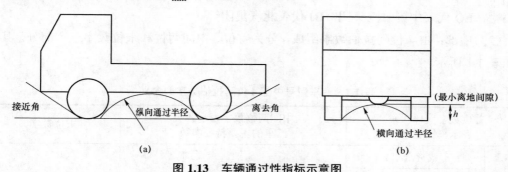

图 1.13　车辆通过性指标示意图

1.3.2　发动机型号、功率、转矩、转速

发动机型号是发动机生产企业按照有关规定、企业或行业惯例以及发动机的属性，为某一批相同产品编制的识别代码，用于表示发动机的生产企业、规格、性能、特征、工艺、用途和产品批次等相关信息，如燃料类型、气缸数量、排量和静制动功率等。

装在轿车或多用途载客车上的发动机，都按规定标明了发动机专业制造厂、型号及生产编号。

发动机的型号由 4 个部分组成。

（1）首部：包括产品系列代号、换代符号和地方、企业代号，有的制造厂根据需要自选相应的字母表示，但须经行业标准标准化归入单位核准、备案。

（2）中部：由缸数符号、气缸布置形式符号、冲程符号和缸径符号组成。

（3）后部：由结构特征符号和用途特征符号组成。

（4）尾部：区分符号。同一个系列产品因改进等原因需要区分时，由制造厂选择适当的符号表示，后部与尾部可用“ - ”分隔。

发动机功率是指发动机做功的快慢，发动机单位时间内所做的功称为发动机的功率。功率用 P 表示，单位是 W。

发动机的功率并不等于汽车的功率，因为在机械传动中功率会有中间损失。另外，出于安全考虑而把车身加厚加重的设计，也会导致发动机功率的损失。所以，装有小排量发动机的汽车并不一定就比装载大功率发动机的车子慢或者性能差。

发动机转矩主要是指通过飞轮对外输出的转矩。

发动机转速是指发动机曲轴每分钟的回转数，用 n 表示，单位为 r/min。

1.3.3　国产车辆型号编制规则

按照 GB/T 9471—1988《国产汽车型号编制规则》，国产车辆型号应能表明其厂牌、类型和主要特征参数等。该型号由拼音字母和阿拉伯数字组成，分为首部、中部和尾部 3 个部分。

（1）首部：由 2 个或 3 个拼音字母组成，是识别企业的代号。例如，CA 代表中国一汽集团，EQ 代表中国二汽集团，BJ 代表北汽集团等。

（2）中部：由 4 位阿拉伯数字组成，分为首位、中间两位和末位数字三个部分，其含义如表 1.1 所示。

表 1.1　汽车型号中部 4 位阿拉伯数字的含义

首位数字（1~9）表示车辆类别		中间两位数字表示各类汽车的主要特征参数	末位数字
1	载货汽车		
2	越野汽车		
3	自卸汽车	数字表示汽车的总质量/t	
4	牵引汽车		
5	专用汽车		表示企业自定序号
6	客车	数字×0.1 m 表示车辆的总长度	
7	轿车	数字×0.1 L 表示发动机工作容积	
8	（暂缺）		
9	半挂车或专用半挂车	数字表示汽车的总质量/t	

（3）尾部：由拼音字母或加上阿拉伯数字组成，可表示变型车与基本型的区别或专用汽车的分类。

1.3.4　驱动形式

标记 $m×n$ 的含义：非驱动的称为轴，驱动的称为桥。不论桥或轴，两端都有两个轮毂，前面的数字 m 表示全部轮毂数，后面的数字 n 表示能驱动的轮毂数（注意，不是轮胎数，一个轮毂也可以装两个轮胎）。三轴车前面是一轴，后面是一桥一轴，标记为 6×2；有的三轴军用越野车全部可以驱动，标记为 6×6；轻型货车一般标记为 4×2；重型货车一般标记为 6×4；吉普车标记为 4×4 则表示四轮驱动。

第 2 章
轮式装甲车辆总体组成及构造

2.1　轮式装甲车辆概述

轮式装甲车辆是具有高度的机动性、一定的防护力和火力、用于战场上输送步兵，也可通过车载武器和车载步兵的武器进行战斗的车辆。轮式装甲车辆一般可分为增强越野车和装甲车辆。其中，增强越野车大多在民用越野汽车的基础上，根据军方的特殊需要而设计改进而成。它具有一定的防护性能，能够抵御小口径武器和炮弹碎片的攻击，火力并不强大，主要在后方执行机动运输、后勤保障等任务。因此，它的多用途性就显得非常重要，可作为警车、取款车、救护车及越野吉普车等使用。而装甲车辆车体为焊接钢板结构，具有较强的防护性能，可以安装"三防"（防核、防化学和防生物武器的杀伤及破坏的能力）装置，具有中等火力的武器系统，有些可以水路两用，可以作为步兵战车、装甲人员运输车、防空导弹发射车、反坦克导弹发射车、前线侦察车、指挥车、战地急救车、装甲修理工程车等使用。轮式装甲车辆一般为全轮驱动（AWD），涂以军绿色或迷彩色。

本章以 92 轮式步兵战车（6×6）为例，介绍其总体布置及结构组成。

2.2　轮式装甲车辆（92 轮式步兵战车）总体布置

92 轮式步兵战车主要装备机械化部队，用于支持步兵和运载步兵作战，可遂行机动作战任务，也可协同主战坦克作战。它主要用于消灭敌轻型装甲车辆、简易火力点和反坦克支撑点，杀伤敌有生力量，具有对低空目标的自卫能力。由于 92 轮式步兵战车有良好的战略机动性，因此也非常适合成为快速反应部队的主要装备，为其提供较强的火力支援和突击能力。

92 轮式步兵战车（6×6）总体结构图如图 2.1 所示，总体布置图如图 2.2 所示。它采用了发动机和传动系统前置、乘员舱后置的总体布局方案，车体采用装甲钢制造的全封闭式浮壳结构。

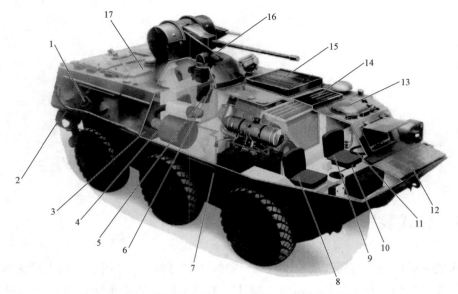

图 2.1 92 轮式步兵战车总体结构图

1—射击孔盖；2—水上推进器；3—柴油箱；4—滤毒进气装置；5—火炮操纵台；6—炮塔座圈；7—侧门；
8—副驾驶员座；9—驾驶员座；10—变速杆；11—方向盘；12—防浪板；13—驾驶舱门；
14—进气百叶窗；15—排气百叶窗；16—车长瞄准镜；17—载员门盖

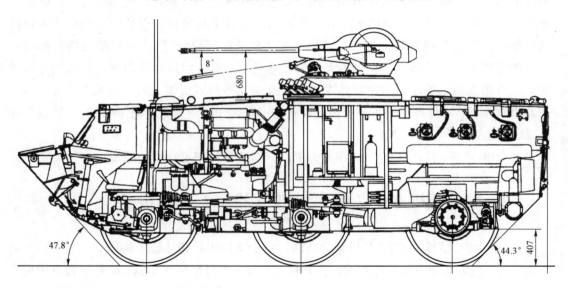

图 2.2 92 轮式步兵战车总体布置图

车体内部分为驾驶舱、动力舱和战斗舱 3 个部分。

驾驶舱位于车体前部，安装有车辆操纵机构、观察仪器、检测仪表、无线电台和驾驶员座椅以及"三防"灭火控制盒等。

发动机、传动装置和动力舱位于车体左中部紧靠驾驶室后，其内装有发动机、变速箱、离合器、传动箱、传动轴、冷却系统、通风系统及灭火系统等。

　　战斗舱位于动力舱之后，其左、右两侧为乘员座椅。在动力室右侧有连接驾驶室和载员室的通道，通道的右侧有侧门，可供乘员和载员上、下车使用。车体两侧和后门上都有潜望镜和球形射击孔，可供载员乘车作战。

　　92 轮式步兵战车可水陆两用，在车体尾部有两个桨舵合一的导管螺旋桨推进装置，结构简单，操纵轻便，水上推力大。

　　在动力室后方中部的战斗室装有一座顶置式单人炮塔（武器顶置有利于炮塔外排弹链、弹壳和排烟），有"三防"功能，车长位于炮塔右侧下方战斗室内。

2.3　92 轮式步兵战车（6×6）底盘结构组成

　　92 轮式步兵战车底盘结构如图 2.3 所示。

图 2.3　92 轮式步兵战车底盘结构

1—变速箱；2—发动机；3—前桥；4—轮边减速器；5—前分动箱；6—变速器；7—后分动箱；8—轮传动轴；
9—水上传动轴；10—水上传动箱；11—水上推进器；12—后桥；13—后桥传动轴；14—中桥

　　92 轮式步兵战车底盘结构组成如图 2.4 所示。

　　92 轮式步兵战车采用 6×6 驱动方式，等轴距。

　　（1）主离合器：主离合器为机械摩擦式单片周布弹簧离合器，采用液压操纵，弹簧助力，性能好，操纵方便。

　　（2）变速箱：变速箱采用德国 ZF 公司生产的 5S－111GPA 型机械式变速箱（带有行星齿轮副变速箱），共有 9 个前进挡和 1 个倒挡，变速范围大，采用气压控制操纵。

　　（3）减速器：每个车轮都装有轮边减速器，桥间和轮间都有差速锁，中桥为贯通式驱动桥并带有轮间和轴间差速锁，通过控制可成强制锁止。

　　（4）悬挂系统：悬挂系统为独立式，并装有冷气减震器。

　　（5）制动系统：采用气压制动。

　　（6）轮胎中央充放气系统：92 轮式步兵战车装有轮胎中央充放气系统，可以根据地面状况调节轮胎压力，以获得良好的地面附着力，进而提高了战车的越野机动性能。轮胎为可调气压式高强度防弹轮胎，即使被击中，还能够以 40 km/h 的速度行驶 100 km。

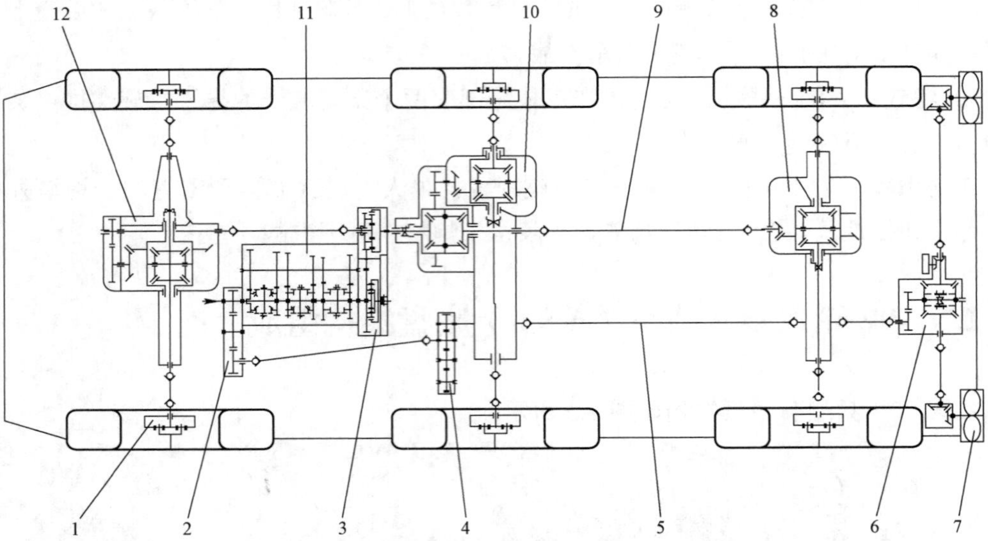

图 2.4　92 轮式步兵战车底盘结构组成

1—轮边减速器；2—前传动箱；3—副变速箱；4—后分动箱；5—水上传动轴；6—水上传动箱；
7—水上推进器；8—后桥；9—后桥传动轴；10—中桥；11—变速箱；12—前桥

（7）水上推进系统：该车可水陆两用，在车体尾部有两个桨舵合一的导管螺旋桨水上推进装置，结构简单，操纵轻便，水上推力大。

此外，该车还装有集体"三防"装置和自动灭火系统等。

2.4　92 轮式步兵战车主要性能指标

乘员+载员：3+9 人，战斗全重：15 t，单位功率：14.9 kW/t，车长：6.77 m，车宽：2.83 m，车高：3.09 m，车底距地高：0.407 m，公路最大速度：88 km/h，水上最大航速：9 km/h，公路最大行程：800 km，最大爬坡度：32°，过垂直墙高：550 mm，越壕宽：1 200 mm。

2.5　92 轮式步兵战车主要武器

炮塔武器为一门 ZPT90 式 25 mm 机关炮和一挺 86 式 7.62 mm 并列机枪。ZPT90 式 25 mm 机关炮采用双向供弹，它与电气控制系统、开门转换系统和供弹系统配合，可变换弹种、变换射速和射击方式。射手可根据不同目标快速地选择弹种（榴弹或脱壳穿甲弹），射击方式有单发、3 连发、5 连发或连发，射速 100 发/min 或 200 发/min。该炮的高低射界为 −8°～52°，方向射界为 360°，弹药基数 400 发，其中弹舱内有待发弹 200 发，另在炮塔内备有 120 发榴弹和 80 发穿甲弹。使用脱壳穿甲弹时，直射距离为 1 500 m。炮塔装有余弹计数器和余弹报警装置，炮手可随时观察炮弹箱内的剩余弹数。25 mm 机关炮有主控和备用两套击发装置，炮塔系统高低和方向驱动也有手动和电动两种方式。

该炮的火控系统较简单，采用高平两用可见光潜望式瞄准镜，对地对空转换迅速。7.62 mm 并列机枪与主炮同步俯仰，备弹 1 000 发。

2.6　92 轮式步兵战车存在的不足

从火力上看，92 轮式步兵战车的 25 mm 机炮来源于陆军的高射炮，如图 2.5 所示，射击循环速度较快，连发射击时对射击精度有不良影响，与国外专门设计的低射速战车机炮差距较大。另外，由于我国不能像美国那样在小口径机炮上使用贫铀穿甲弹，与同类火炮相比，该炮的穿甲能力已经显得偏低。此外，92 轮式步兵战车简单的火控系统还导致其并不具备运动中进行瞄准射击的能力，同时也使夜战能力存在明显不足，这也在很大程度上限制了其作战能力的发挥，如图 2.6 所示。从国外轮式步兵战车的发展趋势看，加装先进的火控系统和夜视设备已成为一种潮流。当然，轮式步兵战车不必像坦克那样装备复杂而昂贵的全套火控系统，可以简化些。

图 2.5　92 轮式步兵战车的 25 mm 机炮

图 2.6　正在进行夜间射击的 92 轮式步兵战车

在信息能力上，92 轮式步兵战车也与世界先进轮式步兵战车有较大差距。如美国的斯特赖克轮式装甲车已经将信息化能力列为该车必备的主要能力之一。法国、德国等国也在加强轮式步兵战车的信息化能力，以适应未来作战的需要。

同时，由于 92 轮式步兵战车采用了中央轴系传动，轴系占用了较大的车体高度，一方面提高了车辆重心，影响了越野性能，另一方面由于提高了车辆高度，也导致车辆被击中的概率增加。因此，在新一代的轮式装甲车族的设计中，已经改为使用发达国家常用的 H 形轴系传动。

另外，92 轮式步兵战车采用 6×6 驱动形式，虽然较普通越野卡车的性能好一些，但与国外常用的 8×8 驱动形式相比，越野性能还是要差一些，所以新一代的轮式装甲车族也采用了 8×8 驱动形式。

2.7　国内外其他轮式装甲车辆介绍

2.7.1　中国 VN1 型 8×8 轮式步兵战车

1. 总体布置

中国 VN1 型 8×8 轮式步兵战车属 20 t 级轮式装甲车，主要用于装甲步兵遂行机动攻防作战任务。该车具有较高的机动性，较好的防护能力，舒适的人机环工程及水上浮渡能力。具有易于操作、驾驶舒适、行驶平稳、机动性能好、油耗低、结构紧凑、布局合理以及很高的可靠性和可维护性等特点，如图 2.7 所示。该车武器系统采用内置式的单人操作炮塔。车辆能在静止、短停状态下对静止和运动目标实施打击，能有效地摧毁敌轻型装甲目标，压制、消灭 4 000 m 以内的敌人土制与木制工事和有生力量，同时还可对敌低空俯冲飞机和武装直升机进行射击，具备一定的对空自卫作战能力。

图 2.7　中国 VN1 型 8×8 轮式步兵战车

从中国 VN1 型轮式步兵战车的外形来看，其整体设计风格与西方新发展的 8×8 轮式作战车辆基本一致，如动力舱和驾驶舱并列在车体前部，战斗舱居中，载员舱在车体后部，布置有 3 名乘员和 7 名载员。从布局来看，该车摒弃了驾驶舱居前、发动机中置的传统设计，采用能够充分利用车首空间的前置动力设计，同时又能确保并列设计的驾驶舱具有良好的前向视角。炮塔配有 30 mm 自动火炮，其辅助武器包括中国"红箭"73C 反坦克导弹和车载 7.62 mm 并列机枪。车内各舱室之间设有隔音、降噪、隔热的隔板。在动力舱左侧，有一条通道连接着驾驶舱和载员舱。载员舱设有射击孔，增强了搭载步兵乘车作战的能力和下车作战时对他们的火力支援能力。在车体后方有一个向右侧开启的后门，供人员及物资出入。

整车采用模块化设计，由动力、传动、行动、操纵、车体和上装武器 6 个基本模块组成，通过不同模块组合，实现底盘多种变型，从而与多种战斗需求进行匹配、集成。采用模块化设计可以提高车族的互换性，利于后勤维修保障。

2. 动力及传动系统

新型轮式装甲车的发动机采用了功率为 330 kW 的涡轮增压中冷水冷 V 形 6 缸柴油机。该发动机低温性能优越，高原适应性好。冷却风扇采用了混流式风扇，可根据发动机的出水温度自动无级调节风扇转速。动力舱采用了二次隔振设计，实现了整体吊装，缩短了维修保养的拆装时间。主离合器采用双片干式摩擦片式离合器。变速箱采用 9 前 1 倒同步器换挡的机械变速箱，为满足国际高端市场，还可以采用自动换挡机械变速箱（AMT）。

传动形式采用 H 形传动，它的最大好处是可将传统传动方案中的车桥分为两个轮边的传动箱，让出车体中部的位置，增加车内有效利用空间。可以降低整车的重心，增强底盘的操纵稳定性和越野通过性。增加射击时的稳定性，并可改善车辆的水上性能，车体高度的下降也可明显改善车辆的整体防护性能。动力由发动机输出，经主离合器、变速箱、分动箱、侧传动箱传递到各车轮。通过轮间和轴间差速器调节车辆转弯时内轮与外轮的速差，减少内侧车轮滑转及外侧车轮滑移，也减少车轮的滑摩。在泥泞、冰雪、湿滑等路面，通过适时闭锁差速器，可以有效提高车辆的通过能力。通过操纵一桥和四桥的分离机构，可实现 8×8、8×6、8×4 驱动工况。

3. 行动系统

在 20 世纪七八十年代研制的车辆中，悬挂装置多采用独立式扭杆和减震器，90 年代研制的车辆则多采用独立式液气悬挂装置，VN1 型轮式装甲车悬架全部采用独立悬架，I、II 桥采用滑柱摆臂式独立悬架，具有占用车内空间小、结构简单紧凑、重量轻的特点。III、IV 桥作为非转向桥，采用可调油气缸、横向尺寸小的单纵臂独立悬架。这种悬架组合模式，能有效改善车辆的舒适性，提高乘、载员的持续作战能力。独立悬架的参数在设计时充分考虑了越野机动行驶、载荷变化、火炮射击的影响，产品具有良好的越野机动性和变型适应性。

为提高轮式装甲车辆的越野通行能力，VN1 型轮式装甲车配置了计算机控制的中央充放气系统，可使全部或单个轮胎气压在数分钟内提高或降低到预定值，增强车辆在沼泽、软沙地带的通行能力。轮胎采用 14.00R20—18PR 全钢丝子午线安全防护轮胎，中弹后仍能以 30～40 km/h 的速度行驶 100 km。转向系统采用Ⅰ、Ⅱ桥助力转向，大大减小了车辆转向半径，提高了车辆在城市巷战和复杂地形环境下的生存能力。

4. 武器系统

VN1 型轮式装甲车的武器系统采用以 30 mm 机关炮为主要武器的单人炮塔，由全焊接高强度装甲钢制成，具有很强的防护性能。其辅助武器包括"红箭"73C 反坦克导弹和车载 7.62 mm 并列机枪。炮塔内安装了夜视设备，炮长瞄准镜上具有白光、激光测距和微光夜视通道，提升了战车全天候作战能力。火炮设计有电控系统和简易火控系统，可在 2 000 m 内有效攻击敌方轻型装甲目标和地面工事，能在 4 000 m 的距离内消灭敌人有生力量，并在 2 800 m 的距离内摧毁主战坦克。炮塔具有一定的空防能力。

5. 防护能力

VN1 型轮式装甲车充分体现了模块化装甲防护的设计概念，通过基体钢板加复合装甲的形式，根据用户的不同需求，加装陶瓷披挂装甲，以满足车辆的装甲防护要求。这种防护模式也符合国际上轮式装甲车辆防护主流的发展趋势。该车正面 100 m 可防 12.7 mm 穿甲燃烧弹（首上甲板通过跳弹防护），侧面 100 m 可防 7.62 mm 穿甲燃烧弹，后面 120 m 可防 7.62 mm 普通弹。通过增加披挂装甲厚度，可以提高整车的防护等级，用同样的安装结构，本车的防护等级可提升为正面 1 000 m 可防 25 mm 穿甲燃烧弹，侧面 100 m 可防 12.7 mm 穿甲燃烧弹。针对轮式装甲车辆在伊拉克战争中暴露出的防护弱点，该车的进排气百叶窗采用了通过液压控制开启和关闭的连杆板式翻转机构，既保证了车辆的进排气使用要求，也可以防止在巷战时火焰瓶的攻击。炮塔两侧各装一组 3 具抛射式烟幕弹发射器，车上装有集体式"三防"装置和自动灭火装置。灭火系统具有全自动和手动相结合的功能。自动灭火系统在探测到火警信号时，可自动或手动启动工作。车体外部可选涂防红外隐身涂料，提高车辆战场生存能力。

6. 整体性能

VN1 型轮式装甲车战斗全重为 20 t，由于驱动轮的增多，不仅增大了牵引能力，也提高了在困难路段的通行能力。该车的单位功率为 16.5 kW/t，加上采用前 4 轮助力转向，因此非常易于驾驶。在公路上可以采用二、三轮驱动，最大速度达 100 km/h，越野平均速度 40 km/h，最大爬坡度达 30°，以最低车速可跨过 1.8 m 宽的壕沟，通过 0.55 m 的垂直墙，公路最大行程 800 km。该车具备水上浮渡能力，无须准备就可以通过风浪不大于三级的内陆江湖。水上推进装置采用效率较高的液压控制的双侧螺旋桨推进器，由发动机自由端提供液压马达动力来驱动螺旋桨，驾驶员操纵手柄驱动两个水上螺旋桨，使车辆在水上前进、变速、倒车和转向，满足车辆水上航行的需要，水上最大航速为 8 km/h。车体前部设置了可翻转防浪板，可按需开启和关闭。

该车装有自救绞盘装置，由液压泵—马达驱动。由驾驶员操纵绞盘液压手柄，控制钢丝绳的收放，实施车辆自救或帮助其他轻度淤陷车辆脱困。

7. 信息化

VN1 型轮式装甲车指控通信系统由通信和 GPS 卫星定位装置组成，通过电台实现车际间的语音通信和数字传输。

通信系统采用 VRC – 2000 车载式超短波调频电台和 VIC – 2001H 型数字车通，实现车际、车内的语音和数据通信。电台设置在车长左侧，方便操作和指挥。

导航系统采用全球定位系统（GPS）定位导航仪（集成显示屏），布置在车长左前侧，实现对战车行驶过程中的定位和地图导航功能，并能实时显示目标当前位置在 WGS – 84 坐标系下的坐标资料、经度、纬度、方向角、行驶速度、时间、行驶方向等信息。同时，将战车的当前位置准确显示在电子地图上。

该车采用传统检测仪表，用户可选装以驾驶员计算机和车长计算机为核心的车辆综合电子信息系统。该电子信息系统是车内的指挥系统网络，可以实现车内、车际间的互联互通和信息共享，从而具备网络化作战能力。

驾驶员配有头盔式夜视仪，可在夜间进行作战。标配的电荷耦合器件（CCD）观察装置可在昼夜或能见度较低的时候满足驾驶和车内观察的需求。

8. 人—机—环

良好的人机环境是提高装备使用性能、提高战斗力的重要途径。该车贯彻"以人为本"的设计原则，使乘、载员具有安全、舒适的车内环境。动力舱隔板上的隔音、隔热材料可以有效降低噪声和热量的传递。在地板、车体轮舱等部位涂装了阻尼减震涂层减小了车体对振动的传递。一体化动力装置的安装采用了二次隔振结构，有效地减少了发动机扭振对车体的影响。吊装式的载员座椅可有效降低来自底部冲击波对载员的伤害。冷暖空调系统可以改变驾驶舱和载员舱的环境温度，提高乘、载员工作环境舒适性。此外，还可根据用户要求选装高原制氧装置等。

9. 承载能力

VN1 型轮式装甲车为车载武器系统、专用设备和乘、载员提供足够的承载质量和运载空间，并有利于车辆变型，如轮式装甲指挥车、轮式装甲侦察车、各种轮式装甲自行火炮车、轮式装甲抢救抢修车和轮式装甲救护车等。承重达到 6 t 以上，车内有效运载空间普遍达到 14.2 m^3 以上。

2.7.2　日本 96 式 8×8 装甲运输车

早在第一次世界大战结束不久，日本就从英国和法国引进了装甲车辆，第二次世界大战前，日本就研制出 6 轮装甲车辆，并用于实战。1996 年，日本陆上自卫队开始装备最新型的 96 式轮式装甲运输车，如图 2.8 和图 2.9 所示。

图 2.8　日本 96 式轮式装甲运输车

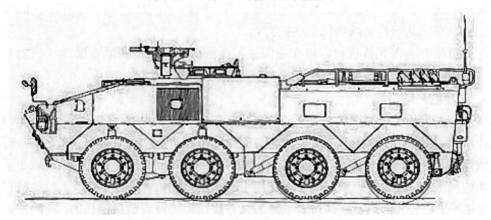

图 2.9　日本 96 式轮式装甲运输车简图

1. 总体结构

结构形式为 8×8，前 4 轮为转向轮。车体的前方右侧为驾驶员席，左侧为发动机室，驾驶员席后方设置了车长席，并设有车长用指挥塔，车长指挥塔上可安装 1 挺 12.7 mm 重机枪或 1 具 96 式 40 mm 榴弹发射器。载员室的上方设有 4 个可向外打开的带扭簧的矩形舱门，必要时搭载步兵打开该舱门，探出半个身子进行射击，还可以通过护栏跳下车进行战斗。最大公路速度为 100 km/h，最大公路行程为 500 km。车体后部安装 1 扇可向下打开的后门，可用作步兵上、下车的跳板，后门由液压操纵控制。后门上还开设 1 扇向右开启的小门，在驾驶员处和车外均可控制后门开闭。

2. 主要结构特点

96 式轮式装甲运输车动力—传动装置中的变速箱带液力变矩器，还有副变速箱。整个动力传动系呈 H 形，因此称 H 形传动，如图 2.10 所示。

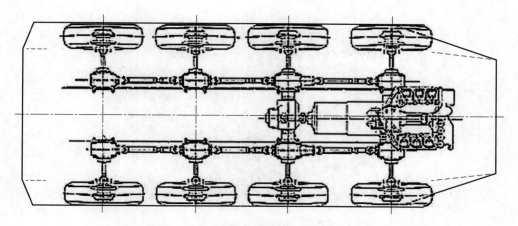

图 2.10　日本 96 式轮式装甲运输车 H 形传动

整车为 8×4 结构，可以通过前加力，使前轮也成为驱动轮，从而成为 8×8 结构。

采用径向式小型轮胎，这种轮胎的优点是能够紧密地接触松软的地面。通过中央轮胎压力调节系统，可以调低轮胎的压力，以此增大轮胎的接地面积，提高车辆的通过能力。使用了钢制硬支撑的防弹轮胎，其规格为 11.00×R20。

车轮的内侧具有外伸的盘式制动器，盘式制动器采用油压式动力制动器。

96 式轮式装甲车辆的悬挂装置前两桥为独立悬挂式的双横臂悬挂，上下的双横臂大致等长，但形状不同（便于转向驱动）。后两桥弹性元件采用扭杆弹簧，另外，减震器露出车外（只为驱动）。

3. 存在的不足

其武器比较单一，并且没有变型车，没有车族化，通用件少，价格高，不具备水上行驶能力和防地雷能力。

2.7.3　欧洲"拳击手"装甲车

"拳击手"计划的主要合同商是总部位于德国慕尼黑的装甲车辆技术协会。该车由多国联合研制，便于多国协同作战。2003 年 10 月，荷兰制造出第一辆"拳击手"装甲指挥车（图 2.11），主要结构特点如下。

（1）"拳击手"多用途装甲车采用最先进的模块化设计理念。每辆车均采用标准化设计，由制式驱动模块和专用任务模块组成。所有"拳击手"使用完全相同的制式驱动模块。

（2）"拳击手"装甲车重量大、动力强。净重 25 t，有效负载 8 t，战斗全重 33 t。该车最大公路速度可达 103 km/h，最大公路行程可达 1 050 km。

（3）先进的装甲防护。它的车体为多层高强度钢制结构。它的装甲防护也采用了模块化装甲，即是由钢和陶瓷组合成的装甲板块，由螺栓加以固定。这种模块化装甲在顶部可抗攻顶导弹，底盘可抗地雷破坏，车上还有减低红外特征措施。"拳击手"的前弧部装甲可以防御中口径机关炮，甚至火箭弹的打击。

图 2.11   "拳击手"装甲指挥车

2.7.4   法国 VBCI 步兵战车

早在 20 世纪 90 年代初期，法国陆军就提出了研制"模块式装甲战车"的计划。2000 年 3 月，法国军队总装备部经过广泛讨论，选定由地面武器工业集团和雷诺公司合作研制法国新一代轮式步兵战车（VBCI），如图 2.12 所示。VBCI 步兵战车的主要结构特点如下。

图 2.12   法国 VBCI 步兵战车

1. 总体布置

法国 VBCI 步兵战车采用 8×8 高机动性轮式底盘。车体由前至后分别是驾驶室和动力舱、战斗舱和载员室。车体前部左侧为驾驶室，这是一个独立的舱室，有隔板和动力舱隔开，又有通道和后部相连通。驾驶舱盖向右打开，驾驶员的座席可调。动力舱位于右侧，前部是发动机和变速箱，稍后是水散热器，发动机排气管的布置很巧妙，可降低车辆的红外热特征。动力舱的上部有一个尺寸很大的检查窗，便于维修保养以及整体更换发动机和变速箱。包括炮塔和武器在内的战斗室也是独立的，用筒状格网与其他部分隔开，战斗室的位置稍稍偏右，其左侧留出通道。后部的载员舱较宽敞，整个容积达 13 m³，载员的座席是独立的，两排载员面对面而坐。车体的最后是宽大的跳板式尾门，可用液压装置向下打开。

2. 动力及传动

法国 VBCI 步兵战车的动力强劲、结构先进。整车的净重不超过 18 t，载重量为 10 t，战斗全重控制在 26 t。动力装置采用直列 6 缸增压柴油机，最大功率 500 hp。公路最大速度 100 km/h。传动装置为全自动变速箱，带有 4 个中央差速器。转向机构为动力辅助转向。悬挂装置为液气、机械混合式悬挂。后 4 轮为驱动轮，前 4 轮为转向轮，通过前加力，可使前 4 轮也成为驱动轮，成为 8×8 的驱动形式。轮胎为低压防弹轮胎，有中央轮胎压力调节系统。

3. 装甲防护

法国 VBCI 步兵战车的车体采用铝合金焊接结构，在实现轻量化的同时，增强了整车的装甲防护力，还全方位地加装了附加装甲并采取了反地雷措施。法国 VBCI 步兵战车在车体的前后、左右及顶部全面加上了附加装甲，车体底部更采用了强化钛合金模块化装甲进行重点加强，这种钛合金装甲是两层结构的复合装甲，既能防炸履带地雷，也能防炸车底地雷，抗弹能力极强。在车体内部，加装了防崩落衬层，能有效防止破片的伤害。整车采用隐身化设计，能有效降低车辆的红外和雷达特征。

4. 先进的数字化系统

该系统可以迅速、准确、清晰地回答"我在哪里""友军在哪里""敌人在哪里""我的任务是什么"以及车上还有多少燃料和弹药等。有了这套系统，可以为上级指挥官和本车乘员提供最新战场态势及本车的战术和技术状况，使得车长指挥战斗轻松自如。

5. 武器系统配置

法国 VBCI 步兵战车的炮塔为著名的"龙"式单人炮塔，炮长坐在特制的战斗室内，观看着各种彩色显示屏和仪表板，适时地操纵机关炮射击。其主要武器为 1 门 M811 型 25 mm 机关炮。火控系统包括炮长稳像式瞄准镜、激光测距仪和热像仪等。总体性能达到或接近当代主战坦克火控系统的水平。

第 3 章
轮式装甲车辆传动系统

3.1 概述

3.1.1 92 轮式步兵战车传动系统的组成

92 轮式步兵战车传动系统结构图如图 3.1 所示，传动系统结构简图如图 3.2 所示。

92 轮式步兵战车采用 6×6 驱动方式，等轴距，在车体尾部有两个桨舵合一的导管螺旋桨推进装置。主离合器为机械摩擦式单片周布弹簧离合器，采用液压操纵，弹簧助力，性能好，操纵方便。变速箱采用德国 ZF 公司生产的 5S－111GPA 型机械式变速箱（带有行星齿轮副变速箱），采用气压控制操纵。每个车轮都装有轮边减速器。桥间和轮间都有差速锁，中桥为贯通式驱动桥并带有轮间和轴间差速锁，通过控制可成强制锁止。

6×6 军车底盘传动系统组成如图 3.3 所示。

图 3.1　92 轮式步兵战车传动系统结构图

1—变速箱；2—发动机；3—前桥；4—轮边减速器；5—前分动箱；6—变速器；7—后分动箱；8—轮传动轴；
9—水上传动轴；10—水上传动箱；11—水上推进器；12—后桥；13—后桥传动轴；14—中桥

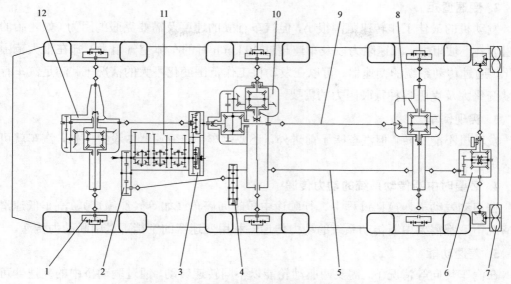

图 3.2 92 轮式步兵战车传动系统结构简图

1—轮边减速器；2—前传动箱；3—副变速箱；4—后分动箱；5—水上传动轴；6—水上传动箱；
7—水上推进器；8—后桥；9—后桥传动轴；10—中桥；11—变速箱；12—前桥

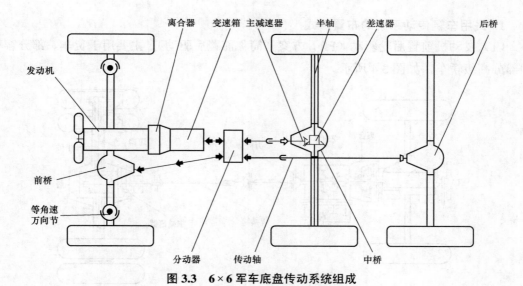

图 3.3 6×6 军车底盘传动系统组成

3.1.2 传动系统的主要功用

1. 减速增矩

发动机输出的动力具有转速高、转矩小的特点，无法满足汽车行驶的基本需求，通过传动系统的主减速器，可以达到减速增矩的目的，即传给驱动轮的动力比发动机输出的动力转速低、转矩大。

2. 变速变矩

发动机的最佳工作转速范围很小，但汽车行驶的速度及需要克服的阻力（如轮胎的滚动阻力、上坡阻力、加速阻力以及车速超过 30 km/h 时的车体空气阻力）却在很大范围内变化，通过传动系统的变速器，可以在发动机工作范围变化不大的情况下，满足汽车行驶速度变化大及克服各种行驶阻力的需要。

3. 实现倒车

发动机不能反转，但汽车除了前进外，还要倒车，在变速器中设置倒挡，汽车就可以实现倒车。

4. 必要时中断传动系统的动力传递

在启动发动机、换挡过程中、行驶途中短时间停车（如等候红绿灯）、汽车低速滑行等情况下，都需要中断传动系统的动力传递，利用变速器的空挡可以中断动力传递。

5. 差速功能

在汽车转向等情况下，需要两驱动轮能以不同转速转动，通过驱动桥中的差速器可以实现差速功能。

3.1.3　轮式装甲车辆传动系统的布置方案

1. 民用车辆传动系统的布置形式

（1）发动机前置后轮驱动（FR）方案（简称前置后驱动）：主要用于货车、部分客车和部分高级轿车，如图 3.4 所示。

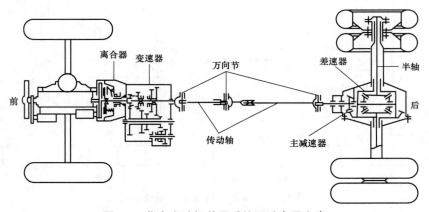

图 3.4　货车发动机前置后轮驱动布置方案

（2）前置前驱动（FF）：主要用于轿车和微型、轻型客车等，如图 3.5 所示。

（3）后置后驱动（RR）：特点是发动机布置在后轴之后，用后轮驱动。主要用于大中型客车和少数跑车，如图 3.6 所示。

（4）中置后驱动（MR）：特点是发动机布置在前后轴之间，用后轮驱动。用于跑车和少数大中型客车，如图 3.7 所示。

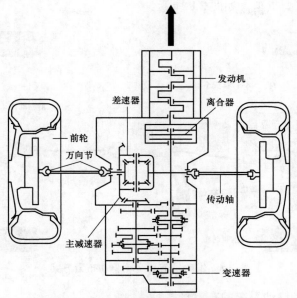

图 3.5　发动机前置前轮驱动布置方案

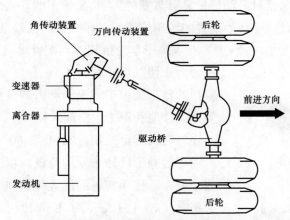

图 3.6　发动机后置后轮驱动布置方案

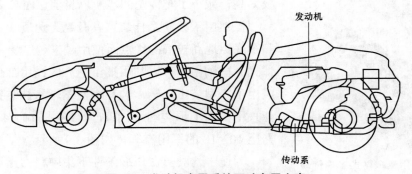

图 3.7　发动机中置后轮驱动布置方案

（5）全轮驱动（AWD）：特点是传动系统增加了分动器，动力可以同时传给前后轮。主要用于越野车及重型货车，如图3.8所示。

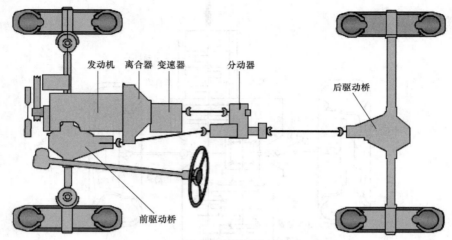

发动机　离合器　变速器　　　分动器

后驱动桥

前驱动桥

图3.8　发动机前置全轮驱动布置方案

2. 轮式装甲车辆传动系统的布置形式

动力传动系统的配置对机动性能具有重要的影响。装甲车的动力传动系统在设计上必须考虑到3个重要因素，即动力装置的装车位置、车轴数量和传动装置的形式。

20世纪60年代以后，各国更多要求装甲车为搭载步兵配置尾门，并具有灵活的变型能力，致使以后研制的6×6和8×8中、重型装甲车及新型的轻型装甲车多采用动力装置前置方式，从而可以更加灵活地利用车内空间。

为提高越野性能，20世纪60年代以后生产的装甲车辆更趋向于增加车轮的数量，以改善在恶劣地形上的通行能力。传动装置的形式与悬挂装置有关，传动形式主要有T形（复式）、H形和X形3种。X形传动只装有一个中央差速器，适用于4×4车辆。缺点是车辆底甲板太高，减小了车内空间，所以目前已不再采用。

虽然由于独立悬挂装置具有越野速度快、乘坐舒适和车底距地高较低的优点而使用越来越广泛，但刚性（整体式）车轴由于可以利用批量生产的民用部件，因此仍应用于轻型装甲车辆。装有刚性车轴悬挂装置的车辆只能采用复式T形传动。目前，广泛应用于4×4、6×6、8×8乃至10×10的军用汽车，如图3.9所示。

为便于驾驶员在作战条件下集中精力操纵车辆，越来越多的车型开始采用传动系自动控制系统。这些控制

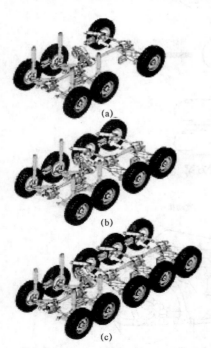

(a)

(b)

(c)

图3.9　军用汽车复式T形传动
（a）6×6；（b）8×8；（c）10×10

系统利用多个传感器对行驶状况进行持续控制，并视情自动闭锁或解脱各个差速器，改善车辆机动性能，减轻传动系部件承受的压力，避免因驾驶员误操作造成危险。从战术因素考虑，最具有吸引力的还是 H 形传动，如图 3.10 所示。这种配置采用一个中央差速器，传动轴通过车辆两侧连接到车轮，目前已应用在一些 4×4、6×6、8×8 和 8×6 装甲车上。

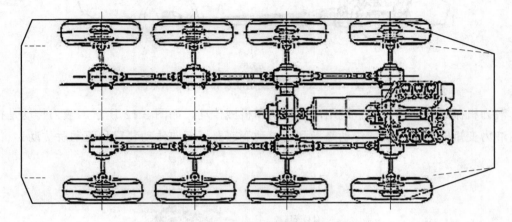

图 3.10　8×8 装甲车 H 形传动系统

H 形传动大大简化了机械结构，差速器通过锥形传动齿轮和万向轴与车轮连接。其诸多优点包括：车体底甲板平展，有利于灵活安排负载；车辆每侧的车轮直接连接在一起，越野行驶时很少发生车轮丧失全部啮合力的现象，从而减少了使用差速器闭锁和传动系自动控制系统的次数；大部分传动系部件安装在车体外部，便于维修；可在横向传动箱的动力输出端加装制动器，实现打滑转向。H 形传动的缺点是由于每侧的所有车轮以机械方式连接在一起，具有相同的角速度，容易在车辆转向或车轮在负载情况下转向半径不同时出现车轴拖动现象，加剧轮胎磨损和擦伤，尤其在硬质和石质地面上。为了克服这一缺陷，某些 4×4 车辆在每侧两个车轮的连接处加装了一个超速离合器（飞轮机构），对中央差速器加以补充，车辆能以 4×2 驱动形式行驶。当驱动轮开始打滑并丧失牵引力时，另外两个车轮开始驱动加力，改变成 4×4 驱动形式。意大利的"半人马座"装甲车则采用了另外一种更复杂的方法，即车辆行驶时通常仅用前两个车轴转向，可通过爪型离合器实现分离，后轮仍可以低于 20 km/h 的速度进行液压转向，减小转向半径。采用这种配置，驾驶员可以视情选择不同的驾驶和转向方式，公路高速行驶时采用 8×6×4（6 个驱动轮和 4 个转向轮），越野低速行驶时采用 8×8×6。并且，即使一侧的一个或两个车轮丧失啮合力，也不会出现打滑现象。以上优点将使 H 形传动具有越来越广泛的应用前景。

3.1.4　传动系统的类型

汽车传动系统有机械式、液力机械式和电力式等。机械式传动系统的组成及布置方式如图 3.11 所示。

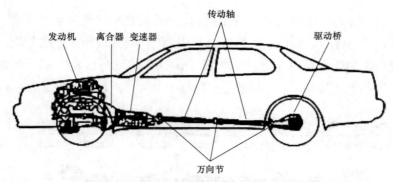

图 3.11　机械式传动系统组成及布置方式示意图

液力机械式传动系统组合运用液力传动和机械传动，如图 3.12 所示。液力传动是指利用液力变矩器传动，机械传动是指利用自动变速器、万向传动装置和驱动桥传动。

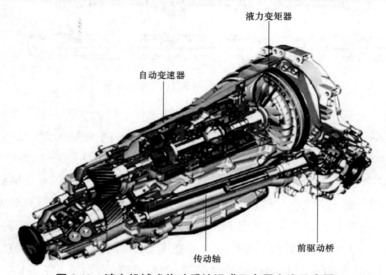

图 3.12　液力机械式传动系统组成及布置方式示意图

电力式传动系统的布置方式如图 3.13 所示。

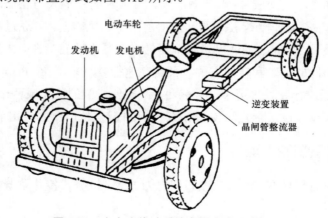

图 3.13　电力式传动系统布置方式示意图

本章以机械式传动系统为主，第 8 章主要讲解液力机械式传动系统。

3.2　离合器

3.2.1　离合器的功用及分类

在坦克和其他装甲战斗车辆的机械式传动系中，一般在发动机与变速器之间安装一个用来切断和传递发动机动力的离合器。

1. 离合器的功用

1）便于启动发动机

坦克和车辆在起步行驶前先要启动发动机，而在启动发动机前，应分离离合器，使离合器的被动部分和被动部分相联系的所有零件与发动机分开，从而减小启动发动机时的惯性阻力，易于启动发动机。

2）使坦克和车辆平稳地起步和加速

坦克和车辆在起步行驶前，传动系大部分零件是不旋转的。起步时，旋转的发动机曲轴与静止的传动系如果突然接合，坦克和车辆将猛然前冲而产生极大的惯性力，使发动机熄火，甚至损坏机件。采用离合器时，就可以通过离合器逐渐柔和地接合而使坦克平稳地起步。坦克和车辆在换挡时，也可以利用离合器的柔和接合使坦克和车辆平稳加速。平稳起步和加速对乘员的舒适、安全和延长机件的寿命也是很重要的。

3）便于换挡

坦克和车辆在行驶过程中，为了获得不同的行驶速度，适应不断变化的行驶条件，变速器经常换用不同的排挡。对采用移动齿轮或齿套来换挡的定轴变速箱，换挡时如果没有离合器将发动机与变速箱暂时分离，那么原来啮合着的齿轮因载荷没有卸除，其啮合齿面间的压力很大而难于分开。另一对待啮合的齿轮，因二者啮合部位的圆周速度不等，又将难于进入啮合，即使进入啮合也会产生很大的齿间冲击，容易损坏机件。有了离合器，就可利用离合器把发动机和变速箱暂时分开再进行换挡。这时因啮合齿面间的压力大大减小，可使摘挡轻便。而待啮合的另一对齿轮，由于主动齿轮与发动机分开，转动惯量很小，只要采用合适的换挡动作，就能使待啮合齿轮的啮合部位的圆周速度相等或接近相等，从而避免或大大减轻了轮齿间的冲击。

4）防止发动机和传动系统过载

若坦克和车辆在行驶中突然碰到障碍或紧急制动时车速猛然降低，但发动机与传动系由于旋转的惯性，仍有保持原有转速的趋势，这将产生很大的惯性负荷而损坏机件。有了离合器，传动系统在出现各种超负荷的情况时，离合器的主动部分与被动部分之间会自动打滑，将负荷限制在一个允许的范围内，可避免机件的损坏。

2. 离合器的动力传递方式

离合器的动力传递方式有 3 种：摩擦作用——摩擦离合器（依靠摩擦原理传递发动机

动力）；液体传动——液力耦合器；磁力传动——电磁离合器。

3. 摩擦离合器的基本性能要求

（1）分离彻底，便于变速器换挡；

（2）接合柔和，保证整车平稳起步；

（3）从动部分转动惯量尽量小，减轻换挡时齿轮的冲击；

（4）散热良好，保证离合器正常工作。

4. 摩擦离合器的类型

1）按从动盘的数目分类

（1）单盘（片）离合器：有一个从动盘，能传递的力矩较小，在汽车上使用较多，92式轮式步兵战车也采用。

（2）双盘（片）离合器：有两个从动盘，在它们中间多一个中间压盘。在不增加径向尺寸的前提下，能传递的力矩较大，在重型载重汽车上广泛使用，也用于轻型履带式步兵战车、运输车或轮式战斗车辆上。

（3）多盘（片）离合器：有多个从动盘，能传递的力矩更大，在坦克上应用较多。

2）按压紧弹簧的结构形式分类

（1）周布弹簧离合器：采用若干个螺旋弹簧作压紧弹簧，并沿摩擦盘圆周分布的离合器。92式轮式步兵战车采用的就是单片周布弹簧离合器，如图3.14所示。

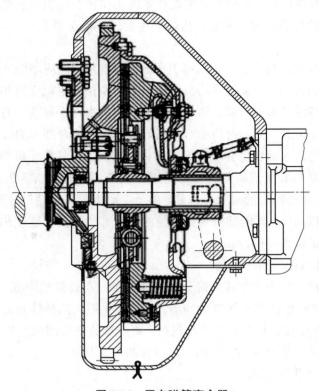

图3.14　周布弹簧离合器

（2）螺旋弹簧离合器：仅具有一个或两个较强力的螺旋弹簧并安置在中央的离合器，如图 3.15 所示。

（3）膜片弹簧离合器：压紧弹簧是膜片弹簧的离合器，如图 3.16 所示。

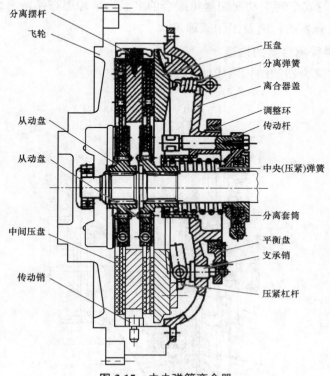

图 3.15　中央弹簧离合器

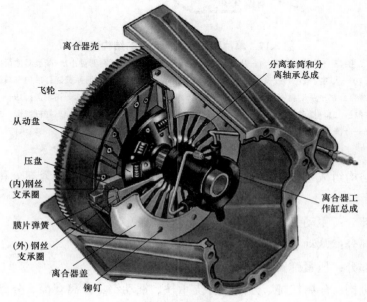

图 3.16　膜片弹簧离合器

3.2.2 摩擦离合器的构造组成及工作原理

在坦克和其他装甲战斗车辆上，多采用摩擦式离合器，现在被广泛采用的离合器大多是片式离合器。与轮式车辆手动变速器相配合的多数为单片周布弹簧离合器。本章主要介绍单片周布弹簧离合器的构造及工作原理。

1. 单片周布弹簧离合器的构造

单片周布弹簧离合器的结构组成如图 3.17 所示。

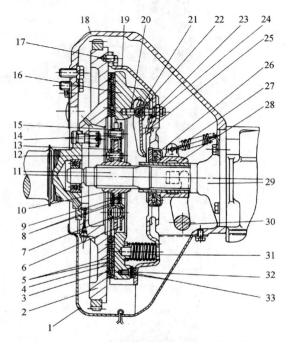

图 3.17 单片周布弹簧离合器的结构组成

1—飞轮壳底板；2—飞轮；3—摩擦片铆钉；4—从动盘本体；5—摩擦片；6—减震器盘；7—减震器弹簧；8—减震器阻尼片；9—阻尼片铆钉；10—从动盘毂；11—变速器第一轴（离合器从动轴）；12—阻尼弹簧铆钉；13—减震器阻尼弹簧；14—从动盘铆钉；15—从动盘铆钉隔套；16—压盘；17—离合器盖定位销；18—飞轮盖；19—离合器盖；20—分离杠杆支承柱；21—摆动支片；22—浮动销；23—分离杠杆调整螺母；24—分离杠杆弹簧；25—分离杠杆；26—分离轴承；27—分离套筒复位弹簧；28—分离套筒；29—变速器第一轴轴承盖；30—分离叉；31—压紧弹簧；32—传动片铆钉；33—传动片

离合器的结构组成包括 4 个部分，即主动部分、从动部分、压紧部分和操纵机构，如图 3.18 所示。

（1）主动部分：主动盘（飞轮）、压盘、离合器盖等；

（2）从动部分：从动盘、从动轴（变速器第一轴）；

（3）压紧部分：压紧弹簧；

（4）操纵机构：分离杠杆、分离杠杆支承柱、摆动销、分离套筒、分离轴承、离合器踏板等。

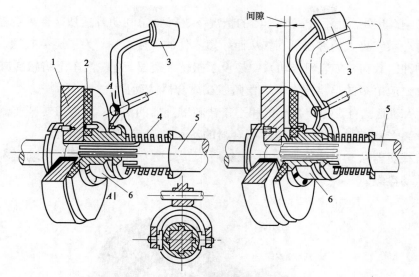

图 3.18 离合器的结构组成简图

1—主动盘；2—从动摩擦盘；3—踏板；4—压簧；5—从动轴；6—分离套筒

2. 离合器的工作过程

在分析离合器工作过程之前，首先掌握以下常用名词。

（1）自由间隙：离合器接合时，分离轴承前端面与分离杠杆端头之间的间隙。

（2）分离间隙：离合器分离后，从动盘前后端面与飞轮及压盘表面间的间隙。

（3）离合器踏板自由行程：从踩下离合器踏板到消除自由间隙所对应的踏板行程。

（4）离合器踏板工作行程：消除自由间隙后，继续踩下离合器踏板，将会产生分离间隙，此过程所对应的踏板行程是工作行程。

离合器的工作过程可以分为分离过程和接合过程。

在分离过程中，踩下离合器踏板，在自由行程内首先消除离合器的自由间隙，然后在工作行程内产生分离间隙，离合器分离。

在接合过程中，逐渐松开离合器踏板，压盘在压紧弹簧的作用下向前移动，首先消除分离间隙，并在压盘、从动盘和飞轮工作表面上作用足够的压紧力；之后分离轴承在复位弹簧的作用下向后移动，产生自由间隙，离合器接合。

3. 离合器的调整

离合器在使用过程中，从动盘会因磨损而变薄，使自由间隙变小，最终会影响离合器的正常接合，所以离合器使用过一段时间后需要调整。

离合器调整的目的是保证合适的自由间隙。

离合器调整的部位和方法依具体车型而定。

4. 从动盘的结构和组成

发动机传到传动系统中的扭矩是周期性变化的，这就使得传动系统中产生扭转振动。如果这一个振动的频率与传动系的自振频率相等，就会发生共振，这对传动系零件寿命会造成很大影响。此外，在不分离离合器的情况下进行紧急制动或猛烈接合离合器时，瞬间会造成对传动系统极大的冲击载荷，从而缩短零件的使用寿命。为了避免共振，缓和传动系统所受的冲击载荷，在车辆传动系中装设了扭转减震器。有些汽车上将扭转减震器制成单独的部件，但更多的是将扭转减震器附装在离合器从动盘中。

因此，从动盘就有带扭转减震器和不带扭转减震器的两种。不带扭转减震器的从动盘多用在双片离合器中。几乎所有单片离合器的从动盘都装有扭转减震器。

带扭转减震器从动盘的构造如图 3.19 所示。其动力传递顺序是：从动盘本体→减震器弹簧→从动盘毂。

摩擦片
从动盘本体
波形弹簧片
铆钉
从动盘毂

图 3.19　带扭转减震器从动盘的构造

3.2.3　离合器操纵机构

离合器操纵机构是通过驾驶员使离合器分离或接合的一套机构。按传递力的介质分为机械式、液压式、弹簧助力式、气压助力式。92 式轮式步兵战车的主离合器操纵系统采用液压控制弹簧助力式。

1. 机械式操纵机构

离合器踏板和分离轴承之间通过机械杆件和绳索相连，如图 3.20 所示。

2. 液压式操纵机构

离合器踏板和分离轴承之间通过主缸、工作缸及液压管路相连，离合器依靠人力产生的液压力控制，如图 3.21 所示。

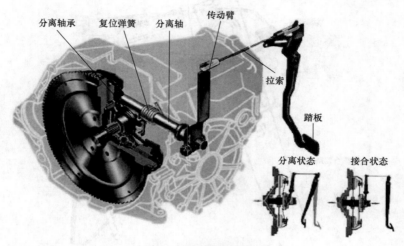

图 3.20　机械式操纵机构

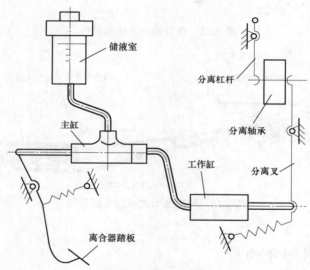

图 3.21　液压式操纵机构

3. 弹簧助力式操纵机构

为了减小所需的离合器踏板力，又不致因传动装置的传动比过大而加大踏板行程，在一些中重型货车和某些轿车上采用了离合器踏板的助力装置，如图 3.22 所示。

4. 气压助力式离合器操纵机构

气压助力式离合器操纵机构利用发动机带动空气压缩机作为主要的操纵能源，驾驶员的体力作为辅助的或后备的操纵能源，多与汽车的气压制动系统或其他气动设备共用一套压缩空气源，如图 3.23 所示。

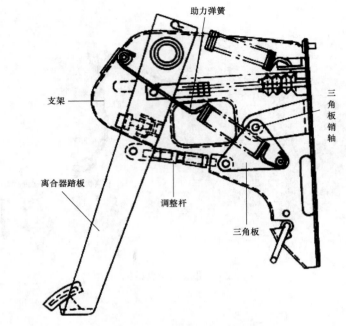

图 3.22　弹簧助力式操纵机构

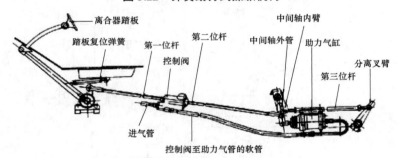

图 3.23　气压助力式机械操纵机构

3.3　变速器与分动器

3.3.1　变速器的功用、组成及类型

1. 变速器的功用

（1）改变传动比，从而改变传递给驱动轮的转矩和转速；

（2）实现倒车；

（3）利用空挡中断动力的传递。

2. 变速器的组成

（1）变速传动机构；

（2）变速操纵机构。

3. 变速器的类型

（1）按传动比变化方式的不同，变速器可分为有级式、无级式和综合式 3 种。

有级式变速器应用最广泛，它采用齿轮传动，具有若干个定值传动比。按所用轮系形式不同，有轴线固定式变速器（定轴式变速器）和轴线旋转式变速器（行星齿轮式变速器）两种。

无级式变速器的传动比在一定数值范围内可按无限多级变化，常见的有电力式和液力式两种。

综合式变速器是指由液力变矩器和齿轮式有级变速器组成的液力机械式变速器，其传动比可在最大值和最小值之间的几个间断的范围内作无级变化，目前应用较多。

中重型货车、坦克和其他装甲战斗车辆由于本身重量或载重量大，使用条件复杂，要保证其良好的动力性、经济性和加速性，则必须扩大传动比范围和增加挡数。为避免变速器的结构过于复杂及便于系列化生产，采用组合式变速器，即采用主变速器和副变速器配合使用，当副变速器传动比较大时，多置于主变速器之后，以利于减小主变速器的重量和尺寸；当副变速器传动比较小时，也可布置在主变速器之前。目前，副变速器多与主变速器制成一体，换挡可采用一套机构，操作方便。

92 轮式步兵战车主、副变速器组合结构如图 3.24 所示。

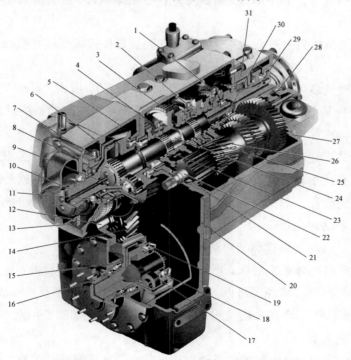

图 3.24　92 轮式步兵战车主、副变速器组合结构图

1—三、四挡拨叉；2—一、二挡拨叉；3—爬行挡齿轮；4—倒、爬挡拨叉；5—副变速器、分动器壳；6—副变速器行星齿轮排；7—副变速器同步器；8—换挡壳体；9—油管；10—转速器传动齿轮；11—轴承；12—中间轴；13—盖；14—中间齿轮；15—轴承座；16—后桥输出缘；17—行星排；18—轴承；19—差速锁接合套；20—副变速器、分动器壳；21—轴承；22—主中间轴；23—倒、爬挡接合套；24—主传动轴；25—一、二挡同步器；26—一、二挡双联齿轮；27—变速箱壳体；28—轴承；29—第一轴；30—三、四挡同步器；31—前传动箱箱体主、副变速器组合结构传递简图如图 3.25 所示。

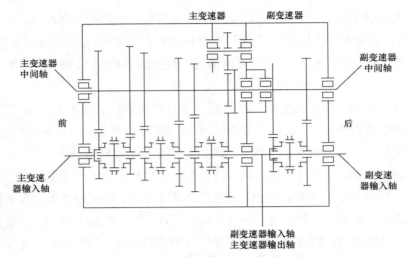

图 3.25　主、副变速器组合结构传递简图

（2）按换挡操纵方式的不同，变速器可分为手动操纵式、自动操纵式和半自动操纵式3 种。

手动操纵式（也称强制操纵式）变速器靠驾驶员直接操纵变速杆换挡，为大多数车辆采用。

自动操纵式变速器的传动比选择和换挡是自动进行的。所谓"自动"是指机械变速器的每个挡位的变换是借发动机负荷和车速的信号系统来控制换挡系统的执行元件而实现的，驾驶员只需操纵加速踏板以控制车速。

半自动操纵式变速器是常用的几个挡位自动操纵，其余挡位则由驾驶员操纵。半自动操纵式用于装配有"手自一体"变速箱的汽车。"手自一体"变速箱就是把手动换挡和自动换挡两种模式结合在一起的变速形式，在这类变速箱上，都有显著的+/−标志，可以切入这个位置进行手动切换挡位。

手动操纵式、自动操纵式和半自动操纵式三者的对比如下。

（1）自动、手自一体车辆对比。严格来说，两者原理上是一样的，区别不大。主要区别在于手自一体是自动挡增加了可以人为地给变速箱计算机一个换挡信息的功能，在提速超车方面，手自一体的车辆在手动模式下换挡时令驾驶者更加随心所欲，减少了单一自动挡的换挡时间，更为灵活。

（2）自动（含手自一体）与手动车辆对比。自动挡汽车通常采用液力传动装置取代手动挡汽车的机械式离合器，因此没有离合器踏板。驾驶手动挡汽车水平高的驾驶者与驾驶自动挡汽车相比，同样的行驶条件下，自动挡汽车在油耗方面要高于同型号手动挡的汽车，每百公里油耗大概多出 1 L。在汽车成本方面，自动变速箱成本要高于同型号车型手动变速箱的成本。自动挡较手动变速箱的优势在于易于驾驶，特别在复杂的城市路况下，不用频繁地踩离合换挡，驾驶舒适性要远远高于手动挡。手动挡较自动挡的优势除了省油经济以外，由于是通过机械方式操控车辆，也会大大提升操作者的操控感。

（3）手自一体的手动模式与手动挡对比。手自一体的手动操作并非真正意义上的手动挡汽车，因为手自一体的手动是不需要踩离合的，只是输入行车信息，控制车辆的还是自动变速箱，与机械化踩离合换挡的手动挡汽车还是有本质区别的。

本章主要讲解有级式变速箱中的定轴式变速器，这是变速传动基础；第 4 章主要讲解液力机械式变速器。

3.3.2　定轴式变速器

定轴式变速器具有以下特点：

（1）结构简单、工作可靠、价格便宜。

（2）加工与装配要求低，精度容易保证。

（3）采用人力换挡，有级变速时，功率利用率差，使车辆动力经济性、平顺性降低；同时换挡操作频繁、复杂，驾驶员工作强度大。

（4）单齿传动产生的径向力大，使轴弯曲变形较大，降低了机件的使用寿命。

（5）当传递功率增大时，其中的齿轮模数、结构尺寸和重量均将增大，使用受到限制，同时也不利于车内布置。

（6）人力换挡时切断动力，影响车辆的平均行驶速度。

变速传动机构主要由齿轮、轴及变速器壳体等零部件组成。变速器中输入动力的轴称为第一轴，第一轴的前端通过花键与离合器、从动盘连接。此外，变速器中输出动力的轴称为第二轴，专为实现倒挡而设计的轴为倒挡轴。

汽车前进时，变速器的动力只经过两轴传递，绝大多数轿车采用这样的变速器；汽车前进时，变速器的动力经过三轴传递，除第一轴和第二轴外，还增加了中间轴，中重型货车及轻型的履带式、轮式装甲车辆采用这种变速器。

图 3.26 所示为某轮式装甲车辆的定轴式变速器总成，有 5 个前进挡、一个倒挡；二挡至五挡为惯性同步器换挡，一挡和倒挡为接合套换挡。输出轴上所装的齿轮均为空套在输出轴上（都装有滚针轴承），而中间轴所装的齿轮均与输出轴固连，所有齿轮都是斜齿。

（1）空挡：换挡所装的惯性同步器和接合套都放在空挡位置。如果第一轴有动力输入，而输出轴则不转，动力不能输出。此时箱体内的所有齿轮都在空转。

（2）直接挡：将四、五挡同步器 3 向左推动，挂上五挡，此时将第一轴与第二轴结合成一体，动力经第二轴输出，传动比最小，其值为 1。

（3）一挡：将一、倒挡接合套 9 向右推动，挂上一挡，此时动力经第一轴常啮合齿轮 2 传给中间轴五挡齿轮 19，再经中间轴一挡齿轮 13 传给第二轴一挡齿轮 10，最后经过一、倒挡接合套 9 将一挡齿轮 10 与第二轴连成一体，动力经第二轴输出，此时传动比值最大。

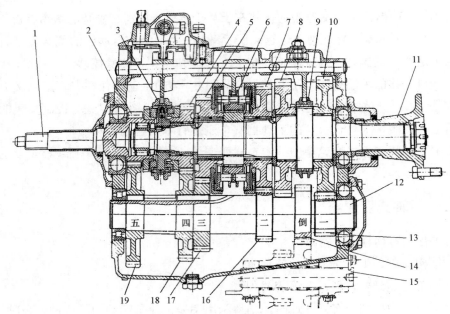

图 3.26 某轮式装甲车辆定轴式变速器总成

1—第一轴；2—第一轴常啮合齿轮；3—四、五挡同步器；4—第二轴四挡齿轮；5—第二轴三挡齿轮；6—二、三挡同步器；
7—第二轴二挡齿轮；8—第二轴倒挡齿轮；9——、倒挡接合套；10—第二轴一挡齿轮；11—第二轴凸缘；12—中间轴；
13—中间轴一挡齿轮；14—中间轴倒挡齿轮；15—倒挡轴；16—中间轴二挡齿轮；17—中间轴三挡齿轮；
18—中间轴四挡齿轮；19—中间轴五挡齿轮

（4）倒挡：将一、倒挡接合套向左推动，挂上倒挡，此时动力经第一轴常啮合齿轮 2 传给中间轴五挡齿轮 19，再经中间轴倒挡齿轮 14 传给倒挡轴 15 上的齿轮，再传给第二轴倒挡车轮 8、最后经过一、倒挡接合套 9 将倒挡齿轮 8 与第二轴连成一体，动力经第二轴输出。

3.3.3 换挡机构

坦克及其他车辆在行驶时，驾驶员通过操纵机构操纵变速箱的换挡机构，从而改变变速箱的排挡，使车辆获得各种不同的速度。

定轴式变速箱的换挡机构常见的有移动齿轮、接合套、同步器和换挡离合器等几种。其中，同步器在定轴式变速箱中得到广泛应用，上述的定轴式变速箱除一挡和倒挡用了接合套换挡外，其他各挡都采用了同步器换挡。上述滑动齿轮、接合套和同步器换挡，都是通过人力操作来移动齿轮或接合套的，所以又称为"人力换挡"。与此相反，变速箱中的齿轮与轴的接合与分离还可以通过离合器来实现（换挡离合器）。离合器的接合与分离通常由油压来操纵，油压操纵的压力源是由发动机带动油泵工作而提供的，由于离合器的接合与分离是靠发动机的动力来实现的，故称为"动力换挡"。

同步器是在接合套换挡机构基础上发展起来的，其中除有接合套换挡机构中的接合套、花键毂、对应齿轮上的接合齿圈外，还增设了使接合套和对应齿圈的圆周速度迅速达到并保持一致（同步）的机构，以及阻止二者达到同步前接合以防止冲击的机构。同步器是利用摩擦原理实现同步的。

同步器有常压式、惯性式、自行增力式等多种类型，目前定轴式变速箱应用最广泛的是惯性式同步器。还有锁环式惯性同步器，其结构组成如图 3.27 所示，其分解组成如图 3.28 所示；以及锁销式惯性同步器，其结构组成如图 3.29 所示。

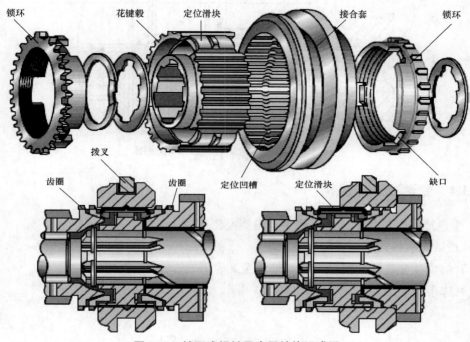

图 3.27　锁环式惯性同步器结构组成图

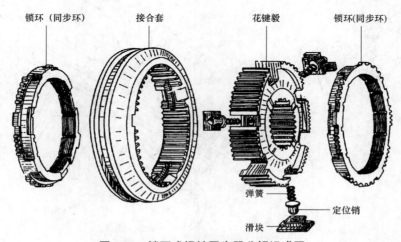

图 3.28　锁环式惯性同步器分解组成图

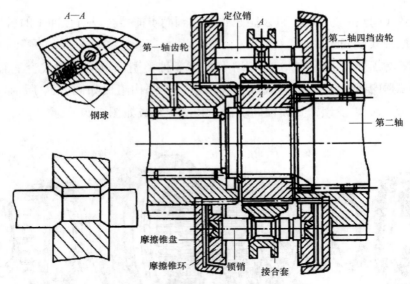

图 3.29　锁销式惯性同步器结构组成图

3.3.4　变速器操纵机构

1. 变速器操纵机构的组成、作用、分类及工作原理

1）直接操纵机构（图 3.30）

（1）组成：变速杆、拨块、拨叉轴和拨叉等；

（2）作用：完成换挡的基本动作。

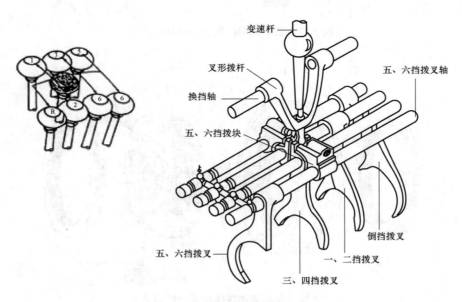

图 3.30　变速器直接操纵机构

2）远距离操纵机构

当变速器在汽车上的布置离驾驶员座位较远时，需要在变速杆与拨叉轴之间加装一套传动机构或辅助杠杆，实现对变速器的远距离操纵，如图 3.31 所示。此时，操纵机构由外部操纵机构和内部操纵机构两部分构成。

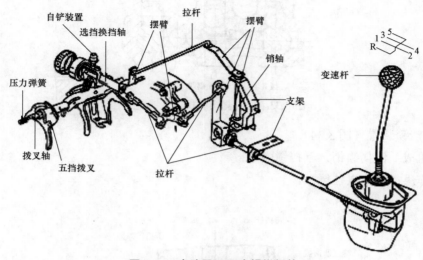

图 3.31　变速器远距离操纵机构

2. 操纵机构的安全装置

作用：保证变速器在任何情况下都能准确、安全、可靠地工作。

1）自锁装置（图 3.32）

（1）组成：自锁钢球和自锁弹簧；

（2）作用：保证换挡到位；防止自动脱挡。

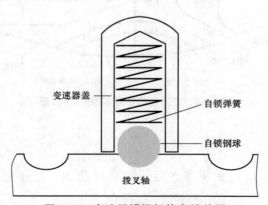

图 3.32　变速器操纵机构自锁装置

2）互锁装置（图 3.33）

（1）组成：互锁销，互锁钢球；

（2）作用：防止同时挂入两挡。

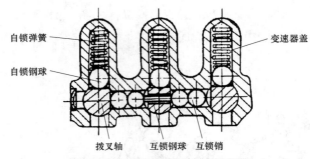

图 3.33 变速器操纵机构互锁装置

3）倒挡锁装置（图 3.34）

（1）组成：倒挡锁销，倒挡锁弹簧；

（2）作用：防止误挂倒挡。

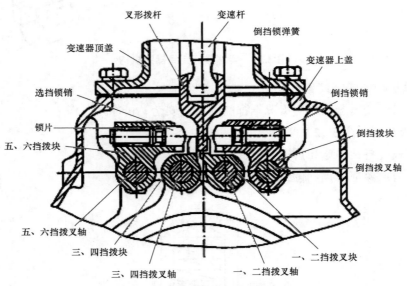

图 3.34 变速器操纵机构倒挡锁装置

3.3.5 分动器

在多轴驱动的汽车上，变速器之后还装有分动器，以便把扭矩分别输送给各驱动桥。

1. 分动器的功用

（1）利用分动器可以将变速器输出的动力分配到各个驱动桥。

（2）多数汽车的分动器还有高低两个挡，兼起副变速器的作用。

2. 分动器的构造

如图 3.35 所示，分动器的输入轴与变速器的第二轴相连，输出轴有两个或两个以上，通过万向传动装置分别与各驱动桥相连。

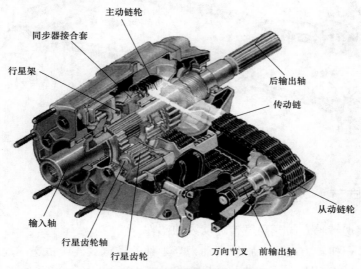

图 3.35　分动器的结构组成图

分动器内除了具有高低两挡及相应的换挡机构外，还有前桥接合套及相应的控制机构。当越野车在良好路面上行驶时，只需后轮驱动，可以用操纵手柄控制前桥接合套，切断前驱动桥输出轴的动力。

3. 分动器操纵装置

工作要求：先接前桥，后挂低速挡；先退出低速挡，再摘下前桥。上述要求可以通过操纵机构加以保证。

4. 液力机械式变速器

液力机械式变速器是自动变速器的一种，一般是将液力变矩器与机械变速器配合起来使用。它可根据发动机的工况自动改变变速比，使汽车的操纵性能大大提高，同时也可使汽车的动力性能得到提高。

目前，对车辆的机动性要求越来越高，为了更全面地满足传动系统的要求，现代主战坦克以及一些其他装甲战斗车辆大多采用了液力机械传动（见第 4 章）

3.4　万向传动装置

3.4.1　万向传动装置的组成和功用

（1）组成：万向节和传动轴，当传动轴比较长时，还要加中间支承，如图 3.36 所示。

（2）功用：在轴线相交且相对位置经常变化的两转轴间传递动力。

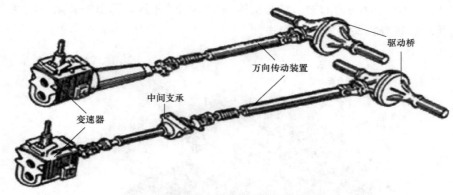

图 3.36　万向传动装置组成

3.4.2　万向节

万向节是实现转轴之间变角度传递动力的部件。

如果万向节在扭转方向没有弹性、动力靠零件的铰链式连接传递，则是刚性万向节；如果万向节在扭转方向有一定弹性、动力靠弹性零件传递且有缓冲减振作用，则是弹性万向节。

目前应用较多的是刚性万向节，刚性万向节又分为不等速万向节（如十字轴式万向节）、准等速万向节（如双联式、三销轴式等）和等速万向节（如球叉式、球笼式等）。

1．不等速万向节（十字轴式刚性万向节）

1）十字轴式刚性万向节组成（图 3.37）

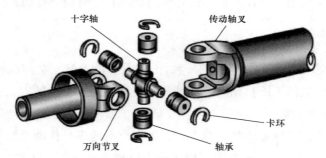

图 3.37　十字轴式刚性万向节组成图

十字轴式刚性万向节结构简单、工作可靠且允许所连接的两轴之间有较大交角，在汽车上应用最为普遍。

2）十字轴式刚性万向节传动的不等速特性

单个十字轴式刚性万向节在输入轴和输出轴有夹角的情况下，其两轴的角速度是不相等的，两轴夹角越大，转角差越大，万向节的不等速特性越严重。

3）十字轴式万向节传动的等速条件

（1）采用双万向节传动，如图 3.38 所示。

（2）第一万向节两轴间的夹角 α_1 与第二万向节两轴间的夹角 α_2 相等。

（3）第一万向节的从动叉与第二万向节的主动叉在同一个平面内。

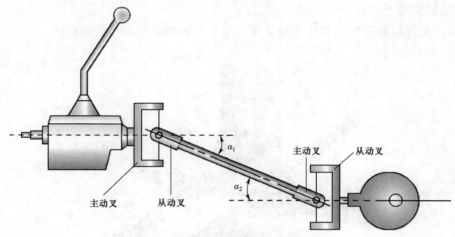

图 3.38　双万向节等速传动布置图

2. 准等速万向节

根据双万向节实现等速传动的原理而设计的万向节称为准等速万向节。

1）双联式万向节（图 3.39）

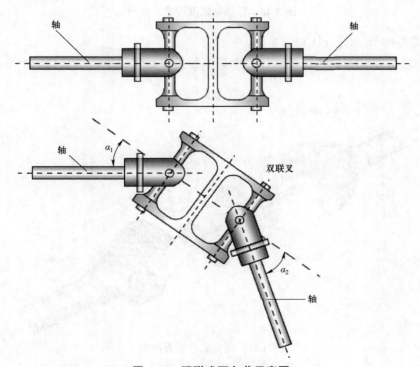

图 3.39　双联式万向节示意图

（1）特点：两个十字轴式万向节相连，中间传动轴长度缩减至最小。

（2）优点：允许有较大的轴间夹角，轴承密封性好、效率高、制造工艺简单、加工方便、工作可靠等。多用于越野汽车。

2）三销轴式万向节（图3.40）

优点：允许相邻两轴间有较大的夹角，用于一些越野车的转向驱动桥。

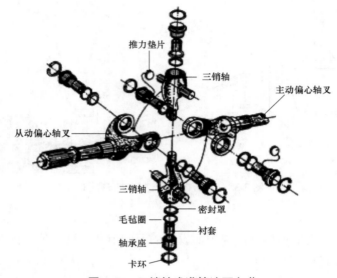

推力垫片

三销轴

主动偏心轴叉

从动偏心轴叉

三销轴

密封罩

毛毡圈

衬套

轴承座

卡环

图3.40　三销轴式准等速万向节

3. 等速万向节（图3.41）

工作原理：保证万向节在工作过程中，其传力点永远位于两轴交角的平分面上。

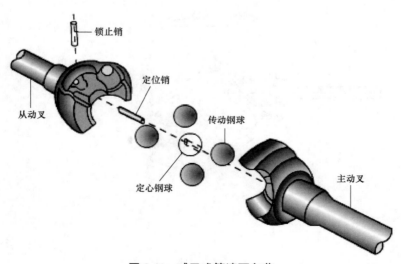

锁止销

定位销

从动叉

传动钢球

定心钢球

主动叉

图3.41　球叉式等速万向节

球叉式万向节等角速传动的特点是，钢球中心 P（传力点）始终位于两轴交角的平分面内。

3.5 驱动桥

3.5.1 驱动桥的组成及功用

1. 驱动桥的组成

驱动桥由主减速器、差速器、半轴、万向节、驱动桥壳（或变速器壳体）和驱动车轮等零部件组成。如图 3.42 和图 3.43 所示。

2. 驱动桥的功用

（1）通过主减速器齿轮的传动，降低转速，增大转矩；

（2）主减速器采用锥齿轮传动，改变转矩的传递方向；

（3）通过差速器可以使内外侧车轮以不同转速转动，适应汽车的转向要求；

（4）通过桥壳和车轮，实现承载及传力作用。

3. 结构类型

1）非断开式驱动桥

当车轮采用非独立悬架时，驱动桥采用非断开式。其特点是半轴套管与主减速器壳刚性连成一体，整个驱动桥通过弹性悬架与车架相连，两侧车轮和半轴不能在横向平面内作相对运动。非断开式驱动桥也称整体式驱动桥，如图 3.44 所示。

图 3.42 越野车后驱动桥结构

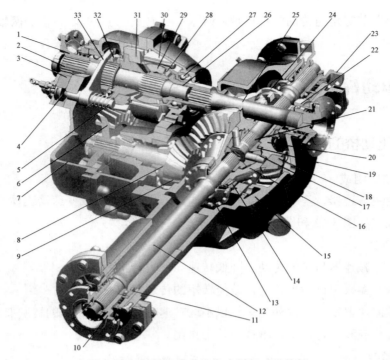

图 3.43 92 轮式步兵战车中桥驱动结构图

1—传动轮缘；2—主轴；3—缸体；4—活塞；5—拨叉轴；6—主传动轮；7—传动箱盖；8—轴承；9—主传动螺旋锥齿轮；
10—左输出传动轮缘；11—轴承；12—左半轴；13—调整盖；14—轴承；15—中桥壳体；16—差速器壳（左）；
17—十字轴；18—主减速器从动螺旋锥齿轮；19—半轴齿轮；20—差速器壳（右）；21—右半轴；22—轴承；
23—右输出传动轮缘；24—轮间差速锁拨叉；25—后桥驱动轴；26—衬套；27—轴承；28—十字轴；
29—行星齿轮；30—差速器壳；31—前差速齿轮；32—接合套；33—轴间差速锁拨叉

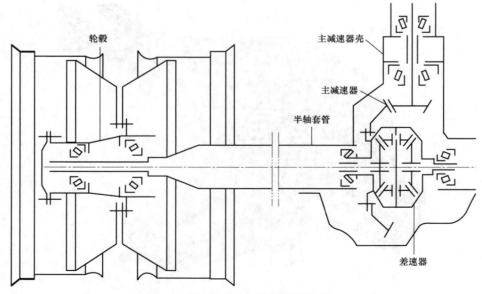

图 3.44 非断开式驱动桥结构示意图

2）断开式驱动桥

当驱动轮采用独立悬架时，两侧的驱动轮分别通过弹性悬架与车架相连，两车轮可彼此独立地相对于车架上下跳动。与此相对应，主减速器壳固定在车架上，半轴与传动轴通过万向节铰接，传动轴又通过万向节与驱动轮铰接，这种驱动桥称为断开式驱动桥，如图 3.45 所示。

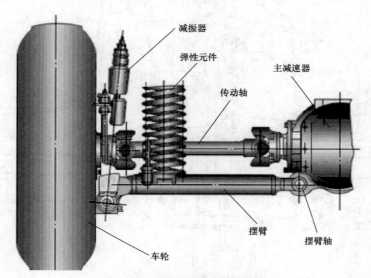

图 3.45　断开式驱动桥结构图

3.5.2　主减速器

1. 主减速器的功用

（1）降低转速，增大转矩；

（2）改变转矩旋转方向。

2. 主减速器结构形式

（1）按参加减速传动的齿轮副数目分，有单级主减速器（图 3.46）和双级主减速器（图 3.47）。

单级主减速器是指主减速传动是由一对齿轮传动完成的。当要求主减速器有较大传动比时，由一对锥齿轮传动将会导致尺寸过大，不能保证最小离地间隙的要求，这时多采用两对齿轮传动，即双级主减速器。

（2）按主减速器传动比挡数分，有单速式和双速式。

（3）按齿轮副结构形式分，有圆柱斜齿轮式、螺旋锥齿轮式和准双曲面齿轮式。

（4）多轴驱动汽车的各驱动桥的布置有非贯通式和贯通式两种。采用贯通式驱动桥可以减少分动器的动力输出轴数量，简化了结构。

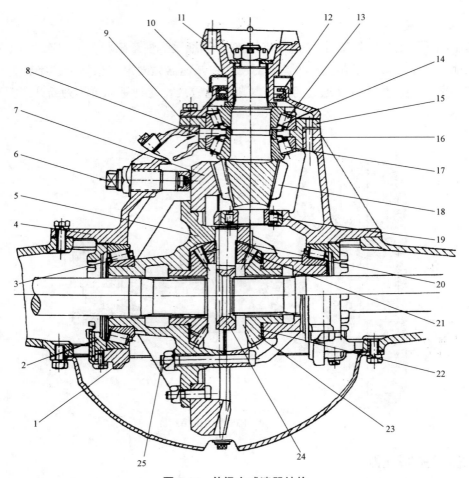

图 3.46 单级主减速器结构

1—差速器轴承盖；2—轴承调整螺母；3、13、17—圆锥滚子轴承；4—主减速器壳；5—差速器壳；6—支撑螺栓；
7—从动锥齿轮；8—进油道；9、14—调整垫片；10—防尘罩；11—叉形凸缘；12—油封；15—轴承座；
16—回油道；18—主动锥齿轮；19—圆柱滚子轴承；20—行星齿轮球面垫片；21—行星齿轮；
22—半轴齿轮推力垫片；23—半轴齿轮；24—行星齿轮轴；25—螺栓

3. 常用的齿轮形式

（1）斜齿圆柱齿轮：特点是主、从动齿轮轴线平行。

（2）螺旋锥齿轮：特点是主、从动锥齿轮轴线垂直且相交，如图 3.48 所示。

（3）准双曲面锥齿轮：特点是主、从动锥齿轮轴线垂直但不相交，有轴线偏移，如图 3.48 所示。

3.5.3　差速器

差速器的功用是既能向两侧驱动轮传递转矩，又能使两侧驱动轮以不同转速转动，以满足转向等情况下内、外驱动轮以不同转速转动的需要，使驱动桥两侧的驱动轮在各种行驶条件下都为纯滚动。

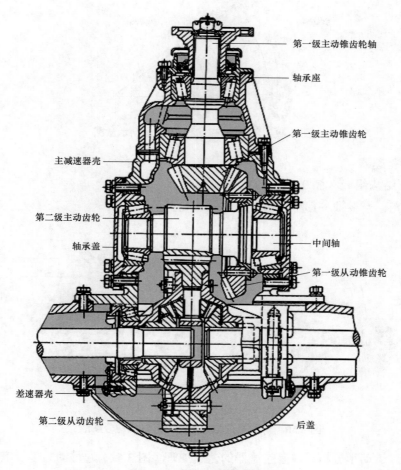

第一级主动锥齿轮轴

轴承座

第一级主动锥齿轮

主减速器壳

第二级主动齿轮

轴承盖

中间轴

第一级从动锥齿轮

差速器壳

第二级从动齿轮

后盖

图 3.47　双级主减速器结构

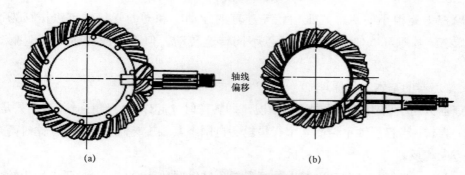

轴线偏移

(a)　　　　　　　　　　　　(b)

图 3.48　主从动锥齿轮轴线位置图

（a）螺旋锥齿轮传动；（b）准双曲面锥齿轮传动

　　从汽车转向时驱动轮的运动示意图 3.49 可以看出，转向时外侧车轮滚过的路程长，内侧车轮滚过的路程短，要求外侧车轮转速快于内侧车轮，即希望内外侧车轮转速不同。

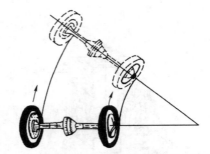

图 3.49　汽车转向时驱动轮的运动示意图

1. 普通差速器

1）主要结构组成（图 3.50）

差速器壳、十字轴、行星锥齿轮、半轴齿轮等。

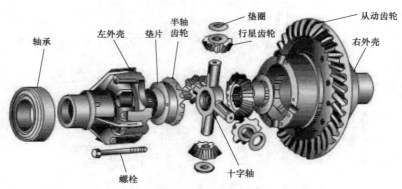

图 3.50　对称式锥齿轮普通差速器结构分解图

下面通过运动学分析，掌握差速器的差速原理（图 3.51）通过动力学及其转矩分配特性（图 3.52）。

内摩擦力矩很小的对称式锥齿轮差速器的运动学和动力学特性可以概括为"差速但不差转矩"，即可以使两侧驱动轮以不同转速转动，但不能改变传给两侧驱动轮的转矩。

2）差速器的基本工作原理

差速器只用于两侧车轮不同速的情况，即转弯时才起作用，直行时差速器只是空转。

（1）自转：当行星轴不转而 4 个行星轮各自围绕其轴旋转时称为自转，此时两半轴齿轮旋转方向相反。

（2）公转：当行星轴转动而其上的行星轮不转动时称为公转，此时两半轴齿轮转动方向相同且转速相等。

（3）差速转：当既有公转又有自转时称为差速转，此时两半轴齿轮转动方向相同但转速不相等。

2. 防滑差速器

汽车行驶时，当一侧车轮打滑时，为了使汽车能够照常行驶，必须将扭矩传给另一侧不打滑的车轮，以便充分利用该车轮的附着力，使车辆正常行驶。为实现这个目的，设计强制锁止差速器，以便克服普通差速器的"扭矩均分"特性。

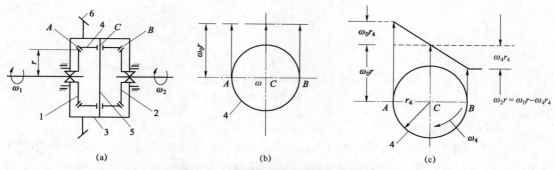

图 3.51　差速器的运动学分析示意图

（a）差速原理；（b）直线行驶 $\omega_1=\omega_2=\omega_3$；（c）转向行驶 $\omega_1 r=\omega_0+\omega_4 r_4$　$\omega_1+\omega_2=2\omega_0$

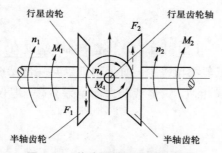

图 3.52　差速器转矩分配特性图

结构特点：强制锁止，即当一侧车轮打滑时，将差速器壳与同侧的半轴齿轮锁成一体，从而使差速器只有公转而失去差速器的作用。这时不打滑的车轮将获得全部的扭矩。

3.5.4　半轴

半轴是在差速器和驱动轮之间传递动力的实心轴，其内端与差速器的半轴齿轮连接，外端与驱动轮的轮毂连接。半轴与驱动轮的轮毂在桥壳上的支承方式，决定了半轴的受力状况。半轴结构如图 3.53 所示。

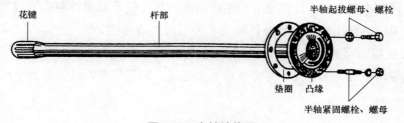

图 3.53　半轴结构图

根据半轴外端受力状况的不同，半轴有半浮式、3/4 浮式和全浮式 3 种，如图 3.54 所示。

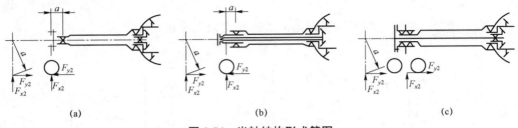

图 3.54 半轴结构形式简图
（a）半浮式；（b）3/4 浮式；（c）全浮式

1. 半浮式半轴

半浮式半轴的结构特点［图 3.54（a）］是半轴外端的支承轴承位于半轴套管外端的内孔中。半浮式半轴除传递转矩外，其外端还承受由路面对车轮的反力所引起的全部力和力矩。半浮式半轴结构简单，所受载荷较大。半轴既受转矩，又受弯矩，只用于乘用车、微型客车和微型货车。

2. 3/4 浮式半轴

3/4 浮式半轴的结构特点［图 3.54（b）］是半轴外端仅有一个轴承安装在驱动桥壳半轴套管的端部，直接支承在车轮轮毂上。而半轴则以其端部凸缘与轮毂用螺钉连接。该形式半轴的受载情况与半浮式相似，只是载荷方面有差异，一般仅用在乘用车和总重较小的商用车上。

3. 全浮式半轴

全浮式半轴的结构特点［图 3.54（c）］是半轴外端的凸缘用螺钉与轮毂相连，而轮毂又通过两个圆锥滚子轴承支承在驱动桥壳的半轴套管上。理论上，这种形式的半轴只承受转矩，作用于驱动轮上的其他反力和弯矩全部由桥壳来承受。这种形式的半轴主要用于总重大的中型、重型货车、越野汽车和客车上。

3.5.5 桥壳

桥壳分为整体式桥壳和分段式驱动桥壳两种。

1. 整体式桥壳

整体式桥壳（图 3.55）具有强度和刚度较大，而且便于装配调整和维修等优点，因此得到广泛的应用。常用的结构有整体铸造、冲压焊接等形式。

2. 分段式驱动桥壳

分段式驱动桥壳（图 3.56）的特点是易于铸造，加工简便，但装车后不便于驱动桥的维修。

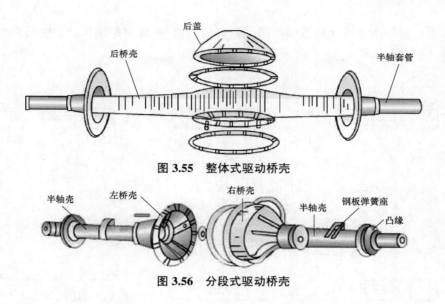

图 3.55　整体式驱动桥壳

图 3.56　分段式驱动桥壳

3.6　水上传动装置

装甲车辆须具有渡越江河的能力，才能更好地实现战役和战场机动。现代装甲车辆渡越江河的方法主要是浮渡和潜渡。

3.6.1　浮渡

装甲车辆浮渡有的采用自浮，有的借助围帐浮渡，还有的是靠水上推进装置。任何物体要浮于水面，就要使物体排开液体体积的重量大于物体的自重，即浮力要大于自重。然而，装甲车辆不仅要浮于水面，而且应能克服一定的风浪，甚至在水上战斗，因此还需有大于 20%～25%的浮力储备。也就是说，装甲车辆在江河上受的浮力，除克服自重外，还要有大于 20%～25%的余量。为此装甲车辆不能太重，体积还要较大，如有的水陆两栖装甲车辆就是这样。如不增加装甲车辆体积，可以采用围帐来保证装甲车辆的浮力，有的主战坦克就用这种方法。

现代轮式水陆两栖装甲车辆的浮渡大多是靠水上推进装置（如 92 轮式步兵战车），如图 3.57 所示。

水上推进装置是用来将发动机传来的动力转变为喷水推力，使装甲车辆在水上航行的装置。装甲车辆的水上推进装置有两个，分别装在装甲车辆后部的左、右两侧。装甲车辆入水前，打开水门，挂上水挡，发动机动力由分动箱传来，带动左右推进装置中的推进器旋转。入水后，水由车体底部进水道吸入，经叶轮进入推进器体，在导流片的作用下，水的螺旋运动变为直线运动，以高速从尾喷管喷出，产生推力，推动装甲车辆前进。倒车时，水门关闭，水由倒车水道向侧前方喷出，使装甲车辆倒退。关闭一侧水门时，从倒车水道喷出的水流与另一侧水道往后方喷出的水流形成力偶,使装甲车辆以最小的转向半径向关闭水门的一侧转向。

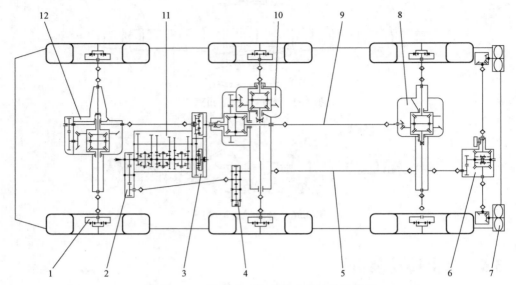

图 3.57   92 轮式步兵战车传动系统结构简图

1—轮边减速器;2—前传动箱;3—副变速箱;4—后分动箱;5—水上传动轴;6—水上传动箱;
7—水上推进器;8—后桥;9—后桥传动轴;10—中桥;11—变速箱;12—前桥

履带式装甲车辆也可以利用履带划水前进,当履带转动时,下支履带划水产生推力,上支履带与翼子板形成水道,翼子板前低后高,后部翼子板有导向水栅,下支履带转动时带动的水流通过水栅也产生推力。上支履带划水虽产生阻力,但与下支履带和导水栅产生的推力相比小得多,使装甲车辆得以在水上行驶。用履带划水推进的装甲车辆,在水上转向、倒车的操纵与装甲车辆在陆地上行驶时的操纵相同。

能浮渡的装甲车辆不是随时随地都可以渡越江河的,浮渡前,需要对车辆密封。选择浮渡场地,使装甲车辆的入水角不大于 20°,出水角不大于 25°,涉渡河岸的坡面土质应坚硬。河道水流速度应小,水面窄。在浮渡的线路上,不能有突出的礁石、浅滩及水生植物等障碍物。这样不仅可以保证浮渡迅速,而且可以保证浮渡安全。现代装甲车辆浮渡的最大速度一般为 6～12 km/h。

3.6.2   潜渡

大多数主战装甲车辆由于太重而采用潜渡。潜渡是利用辅助设备使装甲车辆通过水深没过车高沿水底行驶的方法。现代装甲车辆一般都自带潜渡附加设备,如进气筒、密封装置、救生衣和潜渡呼吸器等。

装甲车辆潜渡前也需要事先做好充分准备,对装甲车辆进行密封,如必须将门、窗、孔、口等地方的密封装置安装好。车体和炮塔的主要部位如座圈都要用橡胶充气带加以密封。将 3～5 节直径不等的圆筒组合成进气筒（一般高约 5 m），安装在车长出入口的座圈上或装填手出入窗口的座圈上，四周用钢丝绳拉紧。空气则由此进气筒进入战斗室供乘员使用，并通过发动机隔板上的活门进入发动机室供发动机使用，发动机废气通过排气管上的单向活门排出，单向活门保证当废气压力达到一定值时将活门顶开。当水下停车时，废气压力下降，活门自动关闭。目视勘察水底，选定潜水地点，水底土质应保证装甲车辆有足够的牵引力。装甲车辆在水底运动时，不易掌握方向，需要加强指挥、联络并安装导向仪。

此外，由于水浮力的影响，装甲车辆压在河底的重量减轻，从而使转向阻力减小，在急流中易产生自动转向而偏离预定方向。也有可能使履带发生滑转，从而使装甲车辆难于前进或上岸困难，这些都是装甲车辆潜渡时必须注意的。潜渡时，一般车长位于进气筒上部，通过车内通话器和无线电台与车内外保持联系。一旦车内进水，车内乘员可用潜渡呼吸器进行呼吸。同时，在战斗室和发动机室内还装有排水泵，用来排出潜渡时进入车内的水。现代装甲车辆潜渡时潜渡准备时间一般为 0.5 h 左右。

第4章

轮式装甲车辆行驶系统

4.1 概述

4.1.1 车辆行驶系统的功用

（1）接受传动系统传来的发动机转矩并产生驱动力；

（2）承受汽车的总重量，传递并承受路面作用于车轮上的各个方向的反力及转矩；

（3）缓冲减震，保证汽车行驶的平顺性；

（4）与转向系统协调配合工作，控制汽车的行驶方向。

4.1.2 车辆行驶系统的组成和类型

（1）行驶系统的组成：车架、车桥、悬架、车轮（或履带）；

（2）行驶系统的类型：轮式、半履带式、全履带式、车轮履带式。

1. 轮式车辆车行驶系统

轮式车辆行驶系统由车架、车桥、悬架和车轮组成，绝大部分汽车都采用轮式行驶系统，如图4.1所示。

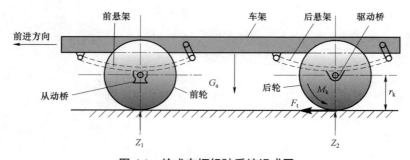

图 4.1 轮式车辆行驶系统组成图

2. 半履带式车辆行驶系统

半履带式车辆行驶系统指车辆的后桥采用履带式、前桥用车轮，如图4.2所示。

　　履带可以减少车辆对地面的比压，控制汽车下陷，履刺还能加强履带与土壤间的相互作用，增加车辆的附着力，提高通过性，主要用于在雪地或沼泽地带行驶的车辆。

图 4.2　半履带式车辆行驶系统

3. 全履带式车辆行驶系统

　　履带式行驶系统是一种支撑坦克或其他装甲战斗车辆的车体重量，保证车辆具有良好的越野性及行驶通过性，把发动机经传动装置传至主动轮上的扭矩变为驱动坦克或车辆运动牵引力的机构，如图 4.3 所示。对 20 t 以上的军用车辆来说，采用履带式行驶系统可使车辆获得较大牵引力，并能够提高越野机动性。

　　履带式行驶系统由履带、主动轮、负重轮、诱导轮、托带轮、履带调整机构和悬挂装置组成（见第 7 章）。

图 4.3　全履带式车辆行驶系统

4. 车轮履带式车辆行驶系统

前后桥既可装车轮，也可装履带，称为车轮履带式行驶系统，如图 4.4 所示。

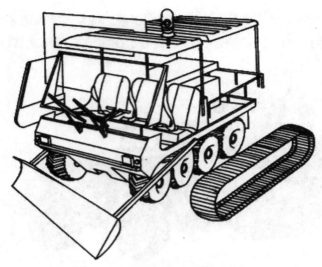

图 4.4　车轮履带式车辆行驶系统

4.2　车架

4.2.1　车架概述

车架的功用主要是支承连接汽车的各零部件，并承受来自车内、外的各种载荷。

车架的类型主要有边梁式车架、中梁式车架（也称脊骨式车架）和综合式车架 3 种。

按照纵梁的形状和结构特点，车架可分为周边式车架（图 4.5）、X 形车架（图 4.6）和梯形车架（图 4.7）。

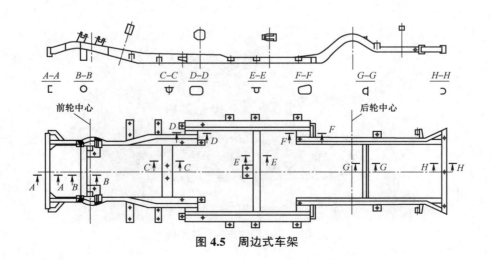

图 4.5　周边式车架

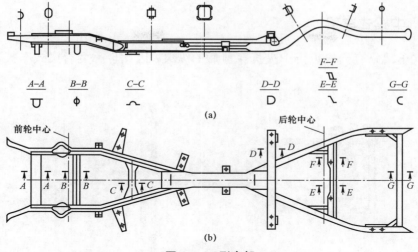

(a)

(b)

图 4.6　X 形车架

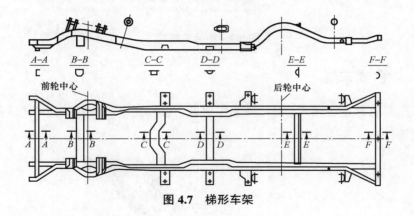

图 4.7　梯形车架

4.2.2　边梁式车架

边梁式车架由两根位于两边的纵梁和若干根横梁组成,用铆接法或焊接法将纵梁与横梁连接成坚固的刚性构架,如图 4.8 所示。

图 4.8　边梁式车架

4.2.3 中梁式车架

中梁式车架只有一根位于中央贯穿前后的纵梁，因此也称为脊梁式车架，如图 4.9 所示。

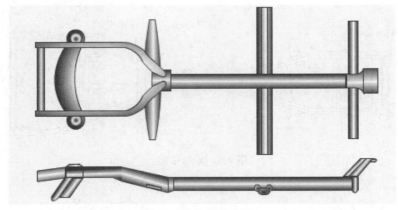

图 4.9 中梁式车架

4.2.4 综合式车架

综合式车架前部是边梁式，而后部是中梁式，也称复合式车架，它同时具有中梁式和边梁式车架的特点，如图 4.10 所示。

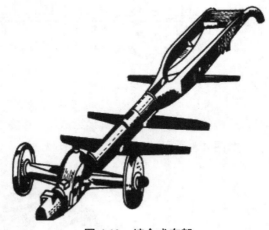

图 4.10 综合式车架

用于竞赛汽车及特种汽车的桁架式车架，由钢管组合焊接而成，这种车架兼有车架和车身的作用。

4.2.5 承载式车身

大多数轿车和部分大型客车取消了车架，而以车身兼代车架的作用，即将所有部件固定在车身上，所有的力也由车身来承受，这种车身称为承载式车身。

　　承载式车身由于无车架，可以减轻整车重量；还可以使地板高度降低，使上、下车方便，如图 4.11 所示。

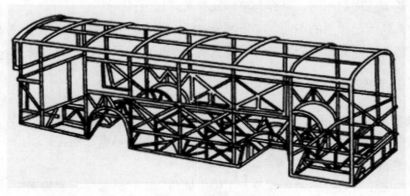

图 4.11　承载式车身

4.3　车桥和车轮

4.3.1　车桥概述

1. 车桥特点

车桥通过悬架与车架（或承载式车身）相连，两端安装车轮。92 式轮式步兵战车的车桥与悬架关系如图 4.12 所示。

图 4.12　92 式轮式步兵战车的车桥与悬架

1—转向节臂；2—轮胎；3—轮边减速器；3—球头销；5—万向节；6—传动轴；
7—悬架下横臂；8—筒式减震器；9—螺旋弹簧；10—上横臂

2. 车桥功用

传递车架（或承载式车身）与车轮之间各方向的作用力及其力矩。

3. 车桥类型

（1）按悬架结构的不同，可分为整体式和断开式两种；

（2）按车轮所起作用的不同，可分为转向桥、驱动桥、转向驱动桥和支持桥（既无转向功能又无驱动功能的桥称为支持桥，前置前驱轿车的后桥为典型的支持桥）。

4.3.2 转向轮定位参数

1. 转向轮定位的功用

转向轮定位的功用是保证转向后，转向轮（前轮）可以自动回正。

2. 转向轮的定位参数

转向轮的定位参数有主销后倾角、主销内倾角、前轮外倾角、前轮前束。

1）主销后倾角 γ（图 4.13）

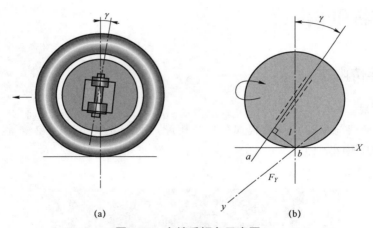

（a）   （b）

图 4.13　主销后倾角示意图

主销有一定的后倾角 γ，使主销延长线与地面的交点 a 向前偏移了一段距离 l，转向后地面作用在车轮上的侧向力 F_Y 对主销形成一个转矩，该转矩具有使转向轮回正的作用。主销后倾角一般不超过 $2°\sim3°$。

2）主销内倾角 β（图 4.14）

主销内倾角的作用：使前轮自动回正；使转向操纵轻便；减小转向盘上的冲击力。主销内倾角一般不大于 $8°$。

3）前轮外倾角 α（图 4.15）

前轮外倾角的作用：防止车轮出现内倾；减少轮毂外侧小轴承的受力，防止轮胎向外滑脱；便于与拱形路面接触。前轮外倾角一般在 $1°$ 左右。

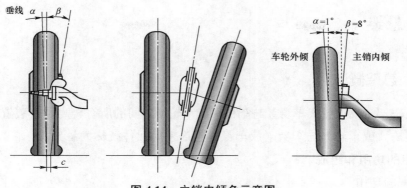

图 4.14　主销内倾角示意图

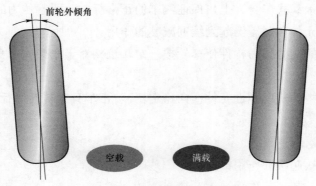

图 4.15　前轮外倾角示意图

4）前轮前束（图 4.16）

从俯视图看，两侧前轮最前端的距离 B 小于后端的距离 A，（$A-B$）称为前轮前束。前轮前束的作用是消除前轮外倾造成的前轮向外滚开趋势，减轻轮胎磨损。前轮前束一般为 $8\sim12\,\mathrm{mm}$。

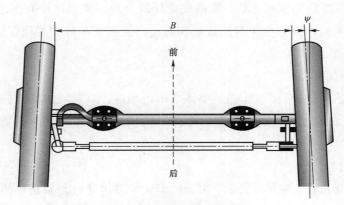

图 4.16　前轮前束示意图

4.4 悬架

4.4.1 悬架概述

悬架是车架（或承载式车身）与车桥（或车轮）之间的所有传力连接装置的总称。换言之，将车桥（或车轮）与车架（或车身）相连接的元件统称为悬架。

1. 悬架的功用和组成

1）悬架的功用

（1）把路面作用于车轮上的垂直反力、纵向反力和侧向反力以及这些反力所产生的力矩传递到车架（或承载式车身）上，保证汽车的正常行驶，即起传力的作用。

（2）利用弹性元件和减震器起到缓冲减震的作用。

（3）利用悬架的某些传力构件使车轮按一定轨迹相对于车架或车身跳动，即起导向的作用。

（4）利用悬架中的辅助弹性元件横向稳定器，防止车身在转向等行驶情况下发生过大的侧向倾斜。

2）悬架的组成

（1）弹性元件：起缓冲作用；

（2）减震元件：起减震作用；

（3）传力机构或称导向机构：起传力和导向作用；

（4）横向稳定杆：防止车身产生过大侧倾。

为了提高轿车的舒适性，现代轿车悬架的垂直刚度值设计得较低，通俗来讲就是很"软"。这样虽然乘坐舒适了，但轿车在转弯时，由于离心力的作用会产生较大的车身倾斜角，直接影响到操纵的稳定性。为了改善这一状态，许多轿车的前后悬架增添横向稳定杆，当车身倾斜时，两侧悬架变形不等，横向稳定杆就会起到类似杠杆的作用，使左、右两边的弹簧变形接近一致，以减少车身的倾斜和震动，提高轿车行驶的稳定性。

2. 悬架的类型

1）非独立悬架

非独立悬架的特点：两侧车轮通过整体式车桥相连，车桥通过悬架与车架或车身相连，如图 4.17 所示。如果行驶中路面不平，一侧车轮被抬高，整体式车桥将迫使另一侧车轮产生运动。

2）独立悬架

独立悬架的特点：车桥是断开的，每一侧车轮单独地通过悬架与车架（或车身）相连，每一侧车轮可以独立跳动，如图 4.18 所示。即当一边车轮发生跳动时，另一边车轮不受波及，汽车的平稳性和舒适性好。但是，这种悬架构造较复杂，承载力小。独立悬架一般与断开式车桥配合使用。

图 4.17　非独立悬架结构示意图

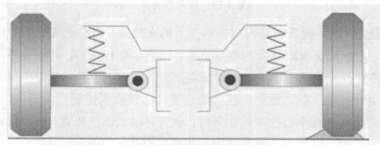

图 4.18　独立悬架结构示意图

独立悬架的优点：两侧车轮可以单独运动互不影响；增加了簧载重量（由悬架的弹性元件所承载的汽车重量），有利于汽车的平顺性；采用断开式车桥，可以降低发动机位置，降低整车重心；车轮运动空间较大，可以降低悬架刚度，改善平顺性。

3. 横向稳定器

横向稳定器主要由 U 形横向稳定杆、连接杆和支座组成，支座固定在车身上，稳定杆两端通过连杆与下摆臂相连，如图 4.19 所示。当车身只作垂直移动而两侧悬架变形相等时，横向稳定杆在支座的套筒内自由转动，横向稳定杆不起作用。当两侧悬架变形不等而车身相对于路面横向倾斜时，稳定杆一端向上运动，另一端向下运动，从而被扭转。横向稳定杆产生的扭转内力矩阻碍了悬架弹簧的变形，因而减小了车身的横向倾斜和横向角波动。

4.4.2　悬架的弹性元件

悬架的弹性元件主要有钢板弹簧、螺旋弹簧、扭杆弹簧、气体弹簧和橡胶弹簧等几种。

1. 钢板弹簧

钢板弹簧是由若干片等宽但不等长的合金弹簧片组合而成的一根近似等强度的弹性梁，多数情况下由多片弹簧组成。钢板弹簧的第一片也是最长的一片为主片，其两端弯成

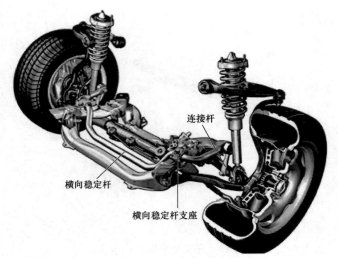

图 4.19　横向稳定器

卷耳，内装衬套，以便用弹簧销与固定在车架上的支架或吊耳作铰链连接。中心螺栓用以连接各弹簧片，并保证装配时各片的相对位置。除中心螺栓以外，还有若干个弹簧夹（也称回弹夹）将各片弹簧连接在一起，以保证当钢板弹簧反向变形（反跳）时，各片不致互相分开，以免主片单独承载。此外，还可防止各片出现横向错动。

　　中心螺栓距两端卷耳中心的距离相等时，称为对称式钢板弹簧。中心螺栓距两端卷耳中心的距离不相等时，则称为非对称式钢板弹簧，如图 4.20 所示。

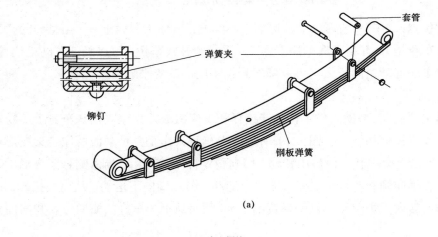

(a)

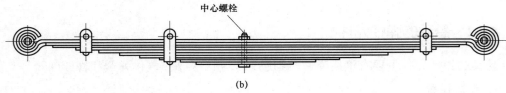

(b)

图 4.20　钢板弹簧结构示意图
（a）对称式钢板弹簧；（b）非对称式钢板弹簧

多片式钢板弹簧可以同时起到缓冲、减震、导向和传力的作用，用于货车后悬架，此时可以不装减震器。

2. 螺旋弹簧

螺旋弹簧用弹簧钢棒料卷制而成，常用于各种独立悬架，如图 4.21 所示。其特点是没有减震和导向功能，只能承受垂直载荷。在螺旋弹簧悬架中必须另外安装减震器和导向机构，前者起减震作用，后者用以传递垂直力以外的各种力和力矩，并起导向作用。

3. 扭杆弹簧

扭杆弹簧本身是一根由弹簧钢制成的杆，如图 4.22 所示。扭杆断面通常为圆形，少数为矩形或管形。其两端形状可以做成花键、方形、六角形或带平面的圆柱形等，以便一端固定在车架上，另一端固定在悬架的摆臂上，摆臂还与车轮相连。当车轮跳动时，摆臂便绕着扭杆轴线摆动，使扭杆产生扭转弹性变形，借以保证车轮与车架的弹性连接。

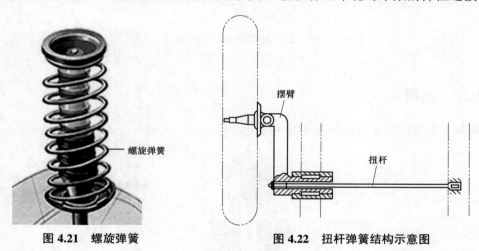

图 4.21　螺旋弹簧　　　　图 4.22　扭杆弹簧结构示意图

4. 气体弹簧

气体弹簧是在一个密封的容器中充入压缩气体，利用气体可压缩性实现弹簧的作用，如图 4.23 所示。气体弹簧的特点是作用在弹簧上的载荷增加时，容器中气压升高，弹簧刚度增大；反之，当载荷减小时，气压下降，刚度减小。气体弹簧具有理想的变刚度特性。

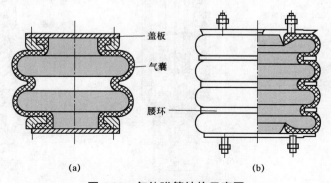

(a)　　　　　　　　　(b)

图 4.23　气体弹簧结构示意图

5. 橡胶弹簧

橡胶弹簧利用橡胶本身的弹性起弹性元件的作用，它可以承受压缩载荷和扭转载荷，由于橡胶的内摩擦较大，橡胶弹簧还具有一定的减震能力。橡胶弹簧多用作悬架的副簧和缓冲块，如图 4.24 所示。

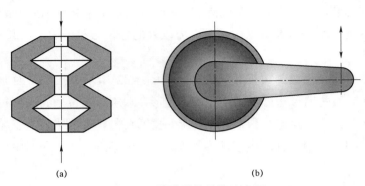

(a)　　　　　　　　　　　　　(b)

图 4.24　橡胶弹簧结构示意图

（a）受压缩载荷；（b）受扭转载荷

4.4.3　减震器

双向筒式减震器的结构如图 4.25 所示。

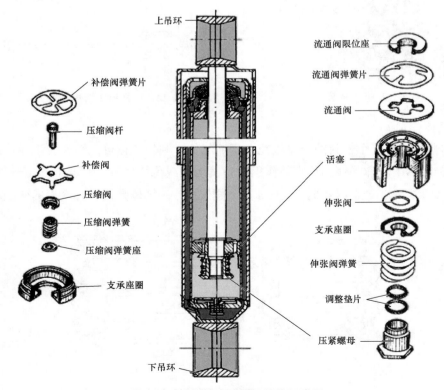

图 4.25　双向筒式减震器结构组成图

筒式减震器的原理：当车架与车桥作往复相对运动时，减震器中的活塞在缸筒内也作往复运动，减震器壳体内的油液便反复地从一个内腔通过一些窄小的孔隙流入另一内腔。孔壁与油液间的摩擦及液体分子内的摩擦便形成对振动的阻尼力，使车身和车架的振动能量转化为热能，被油液和减震器壳体所吸收，并散到大气中。

4.4.4　多轴车辆的平衡悬架

如果多轴车辆的全部车轮都是单独地刚性悬挂在车架上，在不平道路上行驶时将不能保证所有车轮同时接触地面。当使用弹性悬架而道路不平度较小时，虽然不一定会出现车轮悬空现象，但各个车轮间垂直载荷的分配比例会有很大改变。当车轮垂直载荷变小甚至为零时，车轮对地面的附着力随之变小甚至为零。转向车轮遇到这种情况时，将使汽车操纵能力大大降低以致失去操纵；驱动车轮遇到这种情况时，将不能产生足够的驱动力。此外，还会使其他车桥及车轮有超载的危险。如果全部车轮采用独立悬架，虽然可以保证所有车轮与地面的良好接触，但将使汽车结构变得复杂，对于全轮驱动的多轴汽车尤其是如此。

如果将两个车桥（如三轴汽车的中桥与后桥）装在平衡杆的两端，而将平衡杆的中部与车架作铰链式连接，一个车桥抬高将使另一车桥下降。由于平衡杆两臂等长，使两个车桥上的垂直载荷在任何情况下都相等，这种能保证中后桥车轮垂直载荷相等的悬架称为平衡悬架，如图 4.26 所示（属于非独立悬架）。

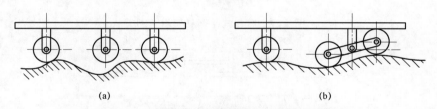

图 4.26　三轴车辆在不平道路上行驶情况示意图
（a）各个车轮独立刚性地悬挂在车架上；（b）车轮通过平衡悬架悬挂在车架上

1. 等臂式平衡悬架

等臂式平衡悬架是三轴和四轴越野汽车上普遍采用的一种平衡悬架结构形式，如图 4.27 所示。钢板弹簧的两端自由地支承在中、后桥半轴套管上的滑板式支架内。这样，钢板弹簧便相当于一根等臂平衡杆，它以悬架心轴为支点转动，从而可保证汽车在不平道路上行驶时各轮都能着地，且使中、后桥车轮的垂直载荷平均分配。

2. 摆臂式平衡悬架

摆臂式平衡悬架主要用于 6×2 的货车上，如图 4.28 所示。这种货车的结构特点是前桥为转向桥，中桥为驱动桥，后桥是可以升降的支持桥。当汽车轻载或空载行驶时，可操纵举升油缸，通过杠杆机构将后轮（支持轮）举起，使 6×2 汽车变为 4×2 汽车。这样不仅可减少轮胎的磨损和降低油耗，同时还可以增加空车行驶时驱动轮上的附着力。为适应这种汽车总体布置的需要，中（驱动）桥和后（支持）桥就有必要采用摆臂式平衡悬架。中桥的悬架采用普通纵置半椭圆钢板弹簧，后吊耳不与车架相连接，而是与摆臂的前端相连。摆臂轴支架固定在车架上，摆臂的后端与汽车的后桥（支持桥）相连。左、右后支持轮之间没有整轴连接。

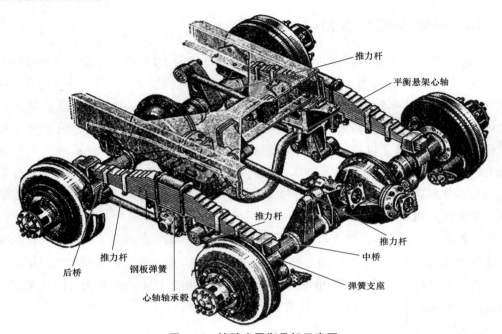

图 4.27　等臂式平衡悬架示意图

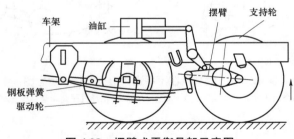

图 4.28　摆臂式平衡悬架示意图

第 5 章

轮式装甲车辆转向系统

5.1　概述

汽车转向系统是用来改变汽车行驶方向的专设机构的总称。

转向系统的功用是保证汽车能按驾驶员的意愿进行直线或转向行驶，使转向轮有好的转向特性。也就是说汽车转向系统可以改变车辆的行驶方向，使转向轮有好的转向特性。

本章主要介绍机械转向系统和动力转向系统。

5.1.1　机械转向系统概述

机械转向系统以驾驶员的体力作为转向能源，所有传递力的构件都是机械的，主要由转向操纵机构、转向器和转向传动机构三大部分组成，如图 5.1 所示。

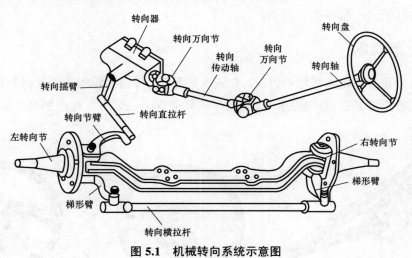

图 5.1　机械转向系统示意图

5.1.2　动力转向系统概述

动力转向系统是兼用驾驶员体力和发动机（或电动机）的动力作为转向能源的转向系

统，如图 5.2 所示。动力转向系统是在机械转向系统的基础上加设一套转向加力装置而形成的。

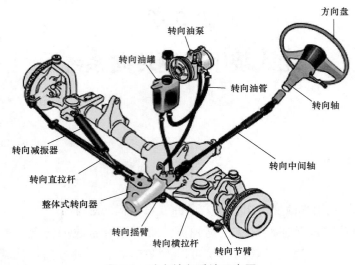

图 5.2　动力转向系统示意图

5.2　转向操纵机构

转向盘到转向器之间的所有零部件统称为转向操纵机构，主要由方向盘、转向轴组成。转向轴是连接转向盘与转向器的传动件，转向柱管固定在车身上，转向轴从转向柱管中穿过，支承在柱管内的轴承和衬套上。

5.2.1　转向盘

转向盘由轮缘、轮辐和轮毂组成，如图 5.3 所示。转向盘轮毂的细牙内花键与转向轴连接，转向盘上都装有喇叭按钮，有些轿车的转向盘上还装有车速控制开关和安全气囊。

(a)　　　　　　　　　　　　　　　　　(b)

图 5.3　转向盘的构造
（a）转向盘剖视图；（b）转向盘主视图

5.2.2　转向轴、转向柱管及其吸能装置

转向轴是连接转向盘和转向器的传动件，如图 5.4 所示。转向柱管固定在车身上，转向轴从转向柱管中穿过，支承在柱管内的轴承和衬套上。

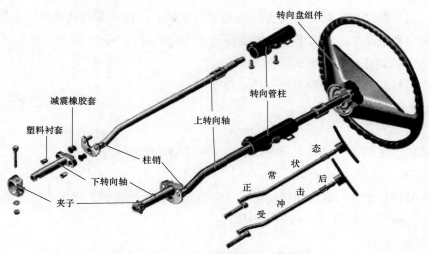

图 5.4　转向盘、转向轴和转向柱管

轿车除要求装有吸能式转向盘外，还要求转向柱管必须装备能够缓和冲击的吸能装置，如图 5.5 所示。转向轴和转向柱管吸能装置的基本工作原理是：当转向轴受到巨大冲击而产生轴向位移时，通过转向柱管或支架产生塑性变形、转向轴产生错位等方式，吸收冲击能量。

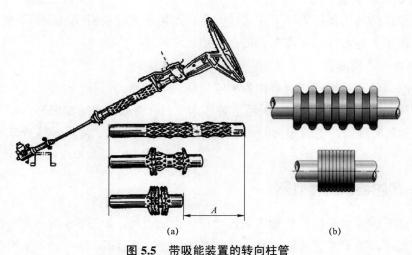

图 5.5　带吸能装置的转向柱管

（a）网络状转向柱管；（b）波纹管式转向柱管

5.3　转向器

转向器是转向系统中的减速机构，它可以将转向力放大，并将转向盘的转矩变为转向摇臂的前后摆动。一般由 1～2 级传动副组成。转向器的结构有多种，常见的有齿轮齿条式转向器、循环球式转向器和蜗杆曲柄指销式转向器。齿轮齿条式转向器一般用于轿车、微型货车和轻型货车，它是以齿轮和齿条传动作为传动机构；中型以上的汽车主要采用循环球式转向器和蜗杆曲柄指销式转向器。

首先介绍转向器的重要参数——传动效率。

5.3.1　转向器的几个基本概念

转向器的输出功率与输入功率之比称为转向器的传动效率。

1. 正效率

功率由转向轴输入，由转向传动机构（如转向横拉杆或摇臂）输出的情况下求得的传动效率称为正效率，显然，正效率越高越好。

2. 逆效率

功率由转向传动机构输入，由转向轴输出的情况下求得的传动效率称为逆效率。

3. 可逆式转向器

逆效率很高的转向器称为可逆式转向器。其特点是路面传到转向传动机构的反力很容易传到转向轴和转向盘上，有利于汽车转向结束后转向轮和转向盘的自动回正，但也能将坏路面对车轮的冲击力传到转向盘，发生"打手"情况。常用于轿车、客车和货车。

4. 不可逆式转向器

逆效率很低的转向器称为不可逆式转向器。不可逆式转向器使转向轮不能自动回正、没有路感。由于上述特性，在汽车上很少采用。

5. 极限可逆式转向器

逆效率略高于不可逆式转向器称为极限可逆式转向器。其反向传力性能介于可逆式和不可逆式之间，接近于不可逆式。采用这种转向器时，驾驶员有一定路感，可以实现转向轮自动回正，只有路面冲击力很大时，才能部分地传到转向盘。常用于越野车和矿用自卸汽车。

5.3.2　齿轮齿条式转向器

齿轮齿条式转向器是以齿轮和齿条传动作为传动机构，如图 5.6 所示。适合与麦弗逊式独立悬架配用，属于可逆式转向器，逆效率高，能自动回正，路感好，常用于轿车、微型货车和轻型货车。

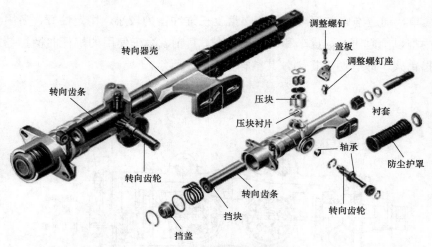

图 5.6　齿轮齿条式转向器

5.3.3　循环球式转向器

循环球式转向器中一般有两级传动副：第一级传动副是转向螺杆与带齿条的螺母（滚珠丝杠）；第二级传动副是带齿条的螺母与带齿扇的摇臂轴，如图 5.7 所示。循环球式转向器属于可逆式转向器，正效率可达 90%～95%。

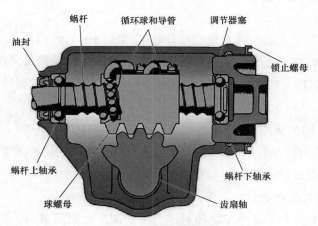

图 5.7　循环球式转向器

5.3.4　蜗杆曲柄指销式转向器

具有梯形截面螺纹的转向蜗杆支承在转向器壳体两端的球轴承上，蜗杆与锥形指销相啮合，指销用双列圆锥滚子轴承支承于摇臂轴内端的曲柄孔中。当转向蜗杆随转向盘转动时，指销沿蜗杆螺旋槽上下移动，并带动曲柄及摇臂轴转动。与蜗杆滚轮式（如一汽的 CA1901 货车）类似，都属于极限可逆式转向器。全部是滚动摩擦，传动效率高，操纵轻便，结构简单，制造维修方便。传到方向盘上三维冲击力较小，稳定性好，多用于工作环境恶劣的中型以上越野车、货车和矿用自卸车。目前，汽车使用的蜗杆曲柄指销式转向器多数是双指销式，即有两个指销，其结构如图 5.8 所示。

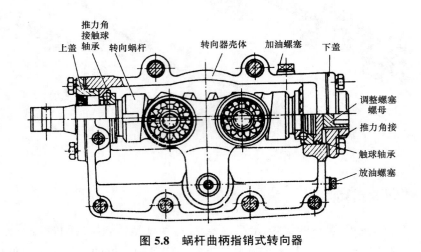

图 5.8　蜗杆曲柄指销式转向器

5.4　转向传动机构

从转向器到转向轮之间的所有传动杆件统称为转向传动机构。

转向传动机构的功用是将转向器输出的力和运动传递到转向桥两侧的转向节，使转向轮偏转，并使两转向轮偏转角按一定关系变化，以保证汽车转向时车轮与地面的相对滑动尽可能小。

1. 转向传动机构的组成

转向传动机构由转向摇臂、转向直拉杆、转向节臂和转向梯形等零部件共同组成，其中转向梯形由梯形臂、转向横拉杆和前梁共同构成。

2. 转向系统的有关参数

汽车转向行驶时，为了避免车轮相对地面滑动而产生附加阻力，减轻轮胎磨损，要求转向系统能保证所有车轮均作纯滚动，即所有车轮轴线的延长线都要相交于一点，即满足下列关系式：

$$\cot\alpha = \cot\beta + B/L$$

式中　α、β ——内、外侧转向轮的偏转角；

　　　　B ——两侧主销轴线与地面相交点之间的距离；

　　　　L ——汽车轴距。

如果是多轴汽车转向，转向轮转角间的关系与双轴汽车基本相同（图 5.9），仍满足上式。

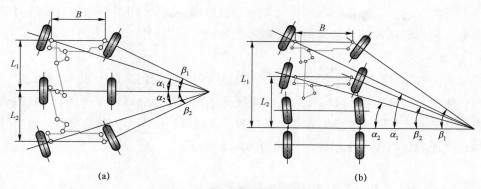

图 5.9　多轴车辆转向示意图

（a）三轴汽车一、三桥转向；（b）四轴汽车双前桥转向

3. 转向系统角传动比

（1）转向器角传动比。转向盘转角增量与相应的转向摇臂转角增量之比 $i_{\omega 1}$ 称为转向器角传动比。

（2）转向传动机构角传动比。转向摇臂转角增量与转向盘一侧转向节的相应转角增量之比 $i_{\omega 2}$ 称为转向传动机构角传动比。

（3）转向系统角传动比。转向盘转角增量与同侧转向节相应转角增量之比 i_{ω} 称为转向系统角传动比，即

$$i_{\omega}=i_{\omega 1}i_{\omega 2}$$

（4）转向系统的力传动比。两个转向轮受到的转向阻力与驾驶员作用在转向盘上的手力之比 i_p 称为转向系统的力传动比，它与角传动比 i_{ω} 成正比。

转向系统角传动比越大，操纵转向盘越省力，但转向灵敏性差；反之，转向灵敏性要求高，操纵转向盘则费力。

4. 转向盘的自由行程

转向盘在空转阶段的角行程称为转向盘的自由行程，它是汽车转向系统存在不可避免的间隙造成的。转向盘的自由行程有利于缓和路面冲击，避免驾驶员过度紧张，但不宜过大，一般为 10°～15°，否则将使转向灵敏性能下降。

5.5　动力转向系统

1. 定义

动力转向系统是将发动机输出的部分机械能转化为压力能（或电能），并在驾驶员控制下，对转向传动机构或转向器中某一个传动件施加辅助作用力，使转向轮偏摆，以实现汽车转向的一系列装置。采用动力转向系统可以减轻驾驶员的转向操纵力。

2. 组成

动力转向系统由机械转向器和转向加力装置组成。根据转向控制阀与机械转向器的连接方式可以分为整体式动力转向器、半整体式动力转向器和转向加力器。

3. 分类

机械转向器和转向动力缸设计为一体，并与转向控制阀组装在一起，这种三合一的部件称为整体式动力转向器。只将转向控制阀同机械转向器组合成一个部件，而转向动力缸则做成独立部件，则称为半整体式动力转向器。将机械转向器作为独立部件，而将转向控制阀和转向动力缸组成一个部件，则称为转向加力器。

5.6 92 轮式步兵战车转向系统

92 轮式步兵战车转向系统采用前、中两桥动力转向机构，如图 5.10 所示。转向器为液压自动增力式和机械杆式操纵系统。转向机构还可通过水上转向离合器操纵导管螺旋桨推进装置，车辆在陆上行驶时呈竖立状态；在水上行驶时，将其旋转 180° 并可使其同时转动进而改变水上行驶方向。

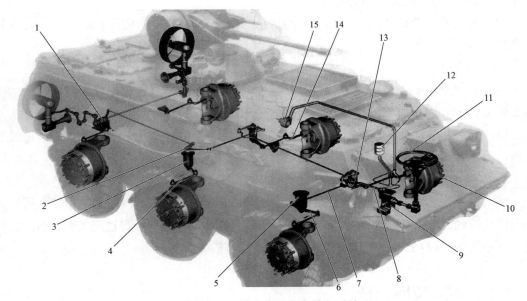

图 5.10 92 轮式步兵战车转向系统

1—水上转向离合器；2—中桥右上摆臂；3—中桥右立轴总成；4—中桥右下摆臂；5—前桥右立轴总成；6—前桥右摆臂；7—前桥横拉杆；8—前桥纵拉杆；9—转向器；10—轮毂 11—方向盘；12—储油罐；13—前桥左立轴总成；14—中桥转向节臂；15—油泵

转向轮转角间的关系如图 5.11 所示。

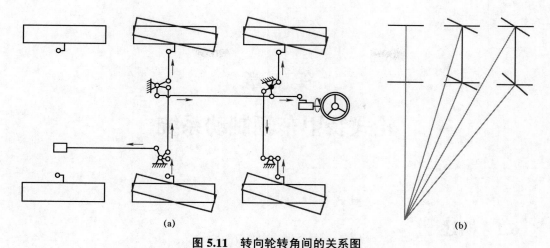

图 5.11　转向轮转角间的关系图

（a）转向轮转角结构示意图；（b）转向轮转角关系示意图

第6章
轮式装甲车辆制动系统

6.1 概述

驾驶员能根据道路和交通情况,利用装在汽车上的一系列专门装置,迫使路面在汽车车轮上施加一定的与汽车行驶方向相反的外力,对汽车进行一定程度的强制制动。这种可控制的对汽车进行制动的外力称为制动力,用于产生制动力的一系列专门装置称为制动系统。

6.1.1 制动系统的主要组成及功用

车辆制动系统主要由供能装置、控制装置、传动装置和制动器组成,如图6.1所示。

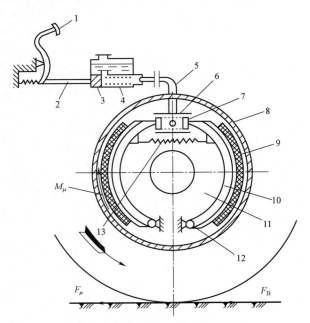

图 6.1 车辆制动系统组成示意图

1—制动踏板;2—推杆;3—主缸活塞;4—制动主缸;5—油管;6—制动轮缸;7—轮缸活塞;8—制动鼓;
9—摩擦片;10—制动蹄;11—制动底板;12—偏心支承销;13—制动蹄回位弹簧

（1）供能装置：包括供给、调节制动所需能量以及改善传能介质状态的各种部件，其中产生制动能量的部分称为制动能源。驾驶员的人力也可作为制动能源。

（2）控制装置：包括产生制动动作和控制制动效果的各种部件，如制动踏板、制动阀等。

（3）传动装置：包括将制动能量传输到制动器的各个部件，如制动主缸和制动轮缸等。

（4）制动器：用以产生制动力矩的部件，如鼓式制动器、盘式制动器。

制动系统的功用是使车辆减速停车、驻车制动。

6.1.2　制动系统的工作原理

车辆制动系统工作原理（图 6.1）：在人力作用下，制动蹄对制动鼓作用一定的制动摩擦力矩即制动器制动力矩 M_μ，在 M_μ 的作用下，车轮将对地面作用一个向前的力 F_μ，地面对车轮作用一个向后的反作用力 F_B，F_B 即为地面对车轮的制动力。

6.1.3　制动系统的类型

1. 按制动系统的功用分类

（1）行车制动系统：使行驶中的汽车降低速度甚至停车的一套专门装置。

（2）驻车制动系统：使已停驶的汽车驻留原地不动的一套装置。

（3）第二制动系统：在行车制动系统失效的情况下保证汽车仍能实现减速或停车的一套装置。

（4）辅助制动系统：在汽车下长坡时用于稳定车速的一套装置。

2. 按制动系统的制动能源分类

（1）人力制动系统：以驾驶员的人力作为唯一制动能源的制动系统。

（2）动力制动系统：完全依靠发动机动力转化成的气压或液压进行制动的制动系统。

（3）伺服制动系统：兼用人力和发动机动力进行制动的制动系统。

6.2　制动器

制动器是用以产生制动力矩的部件。

制动器按照结构可分为鼓式制动器和盘式制动器；按安装位置可分为车轮制动器和中央制动器。车轮制动器可用于行车制动和驻车制动，中央制动器只用于驻车制动和缓速制动。

6.2.1　鼓式制动器

鼓式制动器的旋转元件是制动鼓，固定元件是制动蹄，制动时制动蹄在促动装置作用下向外旋转，外表面的摩擦片压靠到制动鼓的内圆柱面上，对鼓产生制动摩擦力矩，如图 6.2 所示。

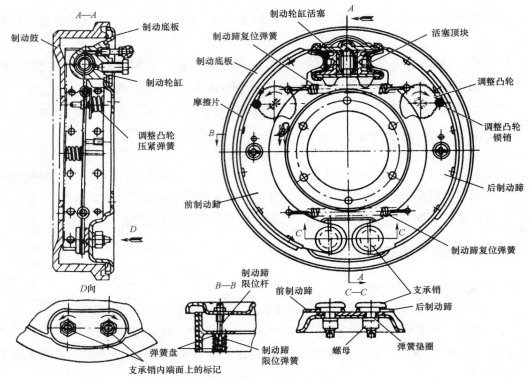

图 6.2　鼓式制动器结构示意图

凡对蹄端加力使蹄转动的装置统称为制动蹄促动装置，制动蹄促动装置有轮缸、凸轮和楔。

以液压制动轮缸作为制动蹄促动装置的制动器称为轮缸式制动器；以凸轮作为促动装置的制动器称为凸轮式制动器；用楔作为促动装置的制动器称为楔式制动器。

6.2.2　盘式制动器

盘式制动器主要有钳盘式和全盘式两种，其中前者更常用。钳盘式制动器的旋转元件是制动盘，固定元件是制动钳。

1. 钳盘式制动器

钳盘式制动器如图 6.3 所示，其特点是制动盘两侧的制动块用两个液压缸单独促动。

2. 全盘式制动器

全盘式制动器如图 6.4 所示，全盘式制动器摩擦副的固定元件和旋转元件都是圆盘形的，分别称为固定盘和旋转盘，其工作原理与摩擦离合器相类似。

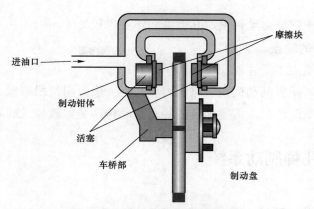

图 6.3　钳盘式制动器结构示意图

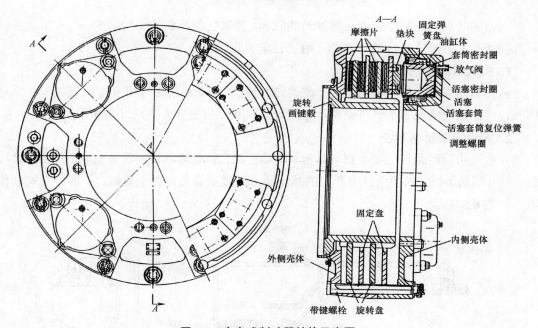

图 6.4　全盘式制动器结构示意图

6.2.3　鼓式和盘式制动器的优缺点

1. 盘式制动器的优点

盘式制动器与鼓式制动器相比具有以下优点：

（1）盘式制动器无摩擦助势作用，制动力矩受摩擦系数的影响较小，即热稳定性好。

（2）盘式制动器浸水后效能降低较少，而且只须一两次制动即可恢复正常，即基本不存在水衰退问题。

（3）在输出相同制动力矩的情况下，盘式制动器尺寸和质量一般较小。

（4）制动盘沿厚度方向的热膨胀量极小，不会像制动鼓的热膨胀那样使制动器间隙明显增加从而导致制动踏板行程过大。

（5）较容易实现间隙自动调整，其他维修作业也较简便。

2. 盘式制动器的缺点

盘式制动器的缺点主要体现在以下两个方面：

（1）效能较低，所需制动促动管路压力较高，一般要用伺服装置。

（2）兼用于驻车制动时，需要加装的驻车制动传动装置较鼓式制动器复杂。

6.3　其他几种制动系统

6.3.1　人力制动系统

人力制动系统的制动能源是驾驶员的肌体。按其传动装置的结构形式，人力制动系统有机械式和人力液压式两种，前者只用于驻车制动。

1. 机械制动系统

机械制动系统目前主要用于驻车制动，因为驻车制动系统必须可靠地保证汽车在原地停驻，并在任何情况下不致自动滑行，这一点只有用机械锁止方法才能实现。

2. 人力液压制动系统

人力液压制动系统主要由制动踏板、制动主缸、制动轮缸和油管等构成。其工作过程是：踩下制动踏板，制动主缸中产生的高压油液通过油管传到各个轮缸，从而产生制动作用，如图6.5所示。

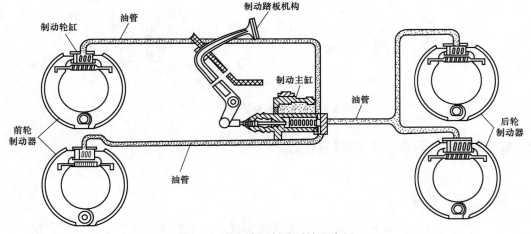

图 6.5　人力液压制动系统示意图

6.3.2　伺服制动系统

伺服制动系统是在人力液压制动系统的基础上加设一套动力伺服系统而形成的，是兼用人体和发动机作为制动能源的制动系统。

伺服制动系统的类型如下。

（1）按伺服系统输出力的作用部位和对其控制装置操纵方式的不同，伺服制动系统可分为助力式（直接操纵式）和增压式（间接操纵式）两类。

（2）伺服制动系统又可按伺服能量的形式分为真空伺服式、气压伺服式和液压伺服式三种，其伺服能量分别为真空能（负气压能）、气压能和液压能。

下面主要介绍真空伺服式制动系统。

真空伺服式制动系统的真空伺服气室和控制阀组合成为一个整体部件，称为真空助力器。真空伺服制动气室的前方串列双腔制动主缸，主缸输出的高压油液通过对角线布置的双回路液压制动管路传递到各个车轮制动器的制动轮缸。真空助力伺服制动系统广泛应用于各种轿车，如图 6.6 所示。

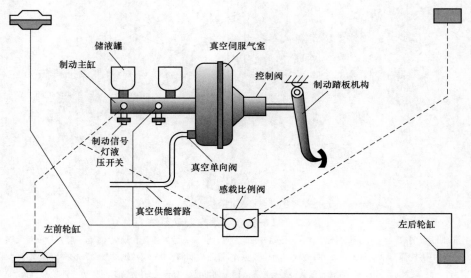

图 6.6　真空伺服式制动系统示意图

6.3.3　动力制动系统

动力制动系统的特点：驾驶员的人力仅作为控制能源，而不是制动能源。

动力制动系统中，用以进行制动的能源是由空气压缩机产生的气压能或由油泵产生的液压能，而空气压缩机或油泵则由汽车发动机驱动。

动力制动系统有气压制动系统、气顶液制动系统和全液压动力制动系统 3 种。

气压制动系统的供能装置和传动装置全部是气压式，其控制装置主要由制动踏板机构和制动阀等气压控制元件组成，有些汽车在踏板机构和制动阀之间还串联有液压式操纵传动装置。

气顶液制动系统的供能装置、控制装置与气压制动系统相同，但其传动装置包括气压式和液压式两部分。

全液压动力制动系统中除制动踏板机构以外,其供能、控制和传动装置全部是液压式。

6.4　92 轮式步兵战车制动系统

92 轮式步兵战车制动系统如图 6.7 所示,制动器采用蹄鼓式,动力源为高压气体,是采用液压控制的双回路制动系统。后四轮均采用复合(弹簧)制动气室,优点是行车制动与驻车制动可联合使用。驻车制动时,操纵驻车控制阀使弹簧制动气室放气,从而使后 4 个制动器产生制动。

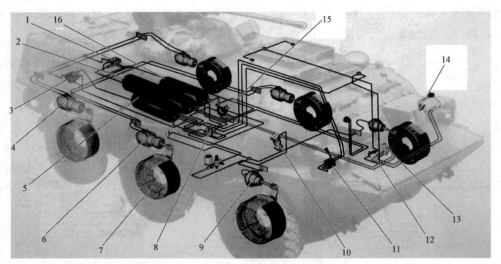

图 6.7　92 轮式步兵战车制动系统

1—行车制动控制阀;2—中后桥轮储气筒;3—驻车制动控制阀;4—后轮弹簧制动气室;5—驻车储气筒(备);
6—中桥轮弹簧制动气室;7—蹄鼓式制动器;8—四管路控制阀;9—膜片制动气室;10—空压机;
11—驻车控制阀;12—脚踏板;13—液压主泵;14—储油池;15—主制动控制阀;16—前轮储气筒

第7章
履带式装甲车辆总体组成及构造

本章主要以坦克为例讲解履带式装甲车辆底盘构造。坦克是合成军陆地作战的中坚突击力量，它是陆军机械化和装甲化程度的标志。坦克是一种具有强大火力、坚强装甲防护和高度机动性的履带式战斗车辆，它攻守兼备，可以在复杂的地形和气候条件下担负多种作战任务，主要用于与敌坦克及其他装甲战斗车辆作战，也可以压制、消灭反坦克武器和其他炮兵武器，摧毁野战工事，歼灭敌有生力量。进攻时，它可以承担突破、追击、迂回、合围和纵深攻击等任务；防守时，它又可发挥反突击作用。因此，坦克是现代地面战争中装甲机械化部队的主要突击兵器。

坦克按重量分为轻型、中型、重型3种。轻型坦克重10～20 t，主要用于侦察、警戒等战斗勤务，也可担负特定条件下的作战任务；中型坦克重20～40 t，用于担负主要作战任务；重型坦克重40～60 t，主要用于支援中型坦克作战。

7.1　履带式装甲车辆（62式转型坦克）总体介绍

中国62式轻型坦克（以下省略"中国"二字）的主动轮后置，车体采用钢板焊接。

前部为驾驶舱，驾驶员位于驾驶舱左侧，顶部有1个可升降和水平转动的铸造驾驶舱盖，驾驶舱有2个观察镜，配有红外夜视仪。

中部为战斗舱，其上部为炮塔，炮塔为铸造件。车长、炮手位于战斗舱火炮左侧，装填手位于右侧。车长指挥塔上安装4个观察镜和1个指挥潜望镜。

后部为动力舱，装有发动机和传动系统。

行驶系统采用履带式。

7.2　62式转型坦克主要结构组成

62式轻型坦克通常由武器系统、推进系统、防护系统、电气和通信系统等部分组成，62式轻型坦克外貌组成如图7.1所示。

62式轻型坦克内部组成如图7.2所示。

图 7.1　62 式轻型坦克外貌组成

1—加油泵箱；2—驾驶员潜望镜；3—驾驶窗门；4—二炮手潜望镜；5—风扇装甲盖；6—坦克高射机枪；
7—一炮手潜望镜；8—指挥潜望镜；9—炮塔门；10—指挥塔门；11—备品及工具箱；12—天线座；
13—指挥塔；14—炮塔；15—火炮工具箱；16—排气管；17—备用机油箱；18—烟幕筒；
19—后侧轮；20—主动轮；21—负重轮；22—诱导轮；23—履带；24—防浪板；
25—红外线灯；26—伪装灯；27—备用履带板；28—前侧灯；29—外组柴油箱

图 7.2　62 式轻型坦克内部组成

1—调压断电器；2—坦克炮；3—一炮手座；4—高低机；5—瞄准镜；6—操纵台；7—电台；8—车长座；
9—加温器；10—驾驶员座；11—变速杆；12—操纵杆；13—航向机枪；14—电动机油泵按钮开关；
15—检测仪表板；16—配电板；17—电路总开关

7.3　62 式轻型坦克技术性能指标

62 式轻型坦克技术性能指标如表 7.1 所示。

表 7.1　62 式轻型坦克技术性能指标

形式	轻型坦克	公路	120～133 L
战斗全重	21 t	行驶 100 km 机油消耗量	
乘员	4 人	土路	9～11 L
单位压力	70 kPa	公路	8～11 L
车长		最大行程	
炮向前	7.9 m	土路	390～420 km
炮向后	7.27 m	公路	480～510 km
车体长	5.55 m	最大上坡度	
		最大侧倾行驶坡度	
		越壕宽度	2.55 m
		涉水深度	1.3 m
		通过崖壁高度	0.7 m
车宽	2.86 m		
车高			
不带高射机枪	2.25 m		
带高射机枪呈水平状态时	2.74 m		
高射机枪呈最大仰角时	3.83 m		
履带中心距	2.39 m		
履带着地长	3.53 m		
车底距地高	415～420 mm		
		发动机	
		型号	12150L–3
		类型	4 冲程 12 V 水冷直喷式柴油机
		功率/转速	316 kW/1 800 r/min
85 mm 坦克炮	1 门	传动装置	
7.62 mm 机枪	2 挺	类型	机械固定轴式
12.7 mm 高射机枪	1 挺	前进挡/倒挡数	5/1
炮弹	47 发		
机枪弹	2 000 发		
高射机枪弹	500 发		

	转向装置类型	（机械式多片摩擦离合器）
	悬挂装置类型	扭杆
	炮塔驱动形式	电动和手动
	炮塔旋转范围	
	火炮俯仰范围	～
	火炮最大俯仰速度	
	炮塔最大回转速度	
	灭火系统	半自动
	电气系统电压	24 V
	发动机电压/功率/型号	24 V/3 kW/ZFC3000
	蓄电池数量/电压/容量/型号	4 个/24 V/280 Ah/65 式
	电台型号/数量	A–220A/1 台
	车内通话器型号	A–221A
各挡速度（曲轴转速 1 800 r/min）		
一挡	8.1 km/h	
二挡	17 km/h	
三挡	23.1 km/h	
四挡	37 km/h	
五挡	59.7 km/h	
倒挡	8.8 km/h	
平均速度		
土路	16～23 km/h	
公路	30～35 km/h	
公路上最高速度	55～60 km/h	
行驶 100 km 燃料消耗量		
土路	144～176 L	

7.4　其他履带式装甲车辆概述

履带式步兵战车主要是用来装载步兵到战斗前线的装甲车，它有以下特点：① 装甲没有坦克厚，但是可以防中、小口径子弹对车内步兵的威胁；② 火力没有坦克猛，但是比装甲输送车（一般配备各种枪类）火力要强，主要是小口径火炮和导弹，可以支援坦克作战，可对敌方步兵火力点进行火力压制，可以让步兵下车参加战斗；③ 不是主战兵器，是附属的火力支援兵器；④ 重量较轻、战术机动能力强、火力适中、易于部署，通过性与越野能力比轮式步兵战车要强。

1. 86 式履带式步兵战车

86 式履带式步兵战车如图 7.3 所示，其主要结构特点如下。

（1）86 式履带式步兵战车车体划分为 3 个部分，前部为动力及传动部分，中部为炮塔部分，后部为载员舱。该车有车长、炮手和驾驶员 3 名乘员。发动机及传动装置位于车辆前部右侧，驾驶员位于车体前部左侧，有 1 个向右转动开启的驾驶窗，车长位于驾驶员后方，有 1 个向前开启的车长门，可旋转。炮塔位于车体中部，炮手位于炮塔内。车体后部为战斗舱，可载 8 名步兵，每侧 4 名，背靠背坐在战斗舱内。中间为主柴油箱及电器支架。8 名步兵中，有左右机枪手各 1 名，冲锋枪射手 6 名（其中 2 名若下车作战，则作为 40 mm 火箭筒射手）。载员舱内有 4 个顶盖，左、右各 2 个，通过铰链与车体顶甲板相连。步兵下车作战的主要出入口为车体后部的两扇门。车体根据受攻击的可能性，选用了不同厚度的特种合金钢板，部分采用了特种铝合金。炮塔采用特种合金钢板焊接而成。

图 7.3　86 式履带式步兵战车

（2）该车采用履带式传动系统，发动机前置，同时采用纵向安装，这样可以使整个动力传动装置形成一个整体，便于安装和调整。主离合器为双片干式离合器，采用液压操纵，必要时也可用压缩空气操纵。常啮合定轴式机械变速箱有 5 个前进挡，1 个倒挡，二～三挡和四～五挡有同步器，采用液压伺服助力操纵，一、倒挡无同步器，采用用机械操纵。二级行星转向机的离合制动器通过转向杆和液压系统进行操纵，可实现无级（或多半径）滑动转向，侧减速器为行星式。

该车主动轮在前，每侧有 6 个单缘负重轮和 3 个托带轮，每侧第一、六负重轮装有筒式液压减震器。悬挂装置为扭杆式独立悬挂，限制器采用螺旋弹簧。采用锻造双销式销耳挂胶履带。

（3）该车可不经任何准备直接浮渡江河、湖泊，水上行驶采用履带划水，速度可达 7～8 km/h。

（4）该车的型号演变和变型车种类较多。

2. 美国 M113 履带式步兵战车

在美军中有"战地出租车"之称的 M113 型装甲车于 1960 年开始装备部队，总产量达到了 75 000 余辆，如图 7.4 所示。该车的改进型和变型车种类很多，仅美国就生产了 20 多种变型车。美国 M–113 系列装甲车是西方国家使用最广泛的军用履带式步兵战车，有近 50 个国家和地区装备。

美国 M113 履带式步兵战车的主要结构特点如下：

（1）采用自动传动装置，机动性大为提高。

（2）动力和传动部件大量采用民用的设备，美国 M113 履带式步兵战车的部件大都结构简单、经济实用，这是其得以大量生产、广泛使用的重要原因。

（3）该车可水陆两用，水上行驶用履带划水，水上转向与陆上相似。车体两侧设有能控制履带上部水流的橡胶屏板，水上车速可达 5.6 km/h。

（4）重视现装备 M113 车族的现代化改进，使其适应战场的需要。

图 7.4　美国 M113 履带式步兵战车

第8章

履带式装甲车辆传动系统

8.1 概述

8.1.1 坦克传动系统概述

由于现代车用发动机的最大输出扭矩与额定功率时的输出扭矩之比在 1.05～1.25，额定功率下的最高工作转速与最低工作转速之比在 3～5。而坦克在各种地形上，所遇到的行驶阻力的变化范围一般为十几倍，相对应的行驶速度的变化范围也在十几倍。因此，在坦克上直接使用发动机驱动坦克，是不能满足坦克所需要的各种行驶速度和主动轮输出扭矩要求的。在动力装置后采用传动装置传动，就解决了发动机性能与坦克使用要求之间的矛盾。

传动系统的性能不但决定着坦克各种使用性能的优劣，而且也可以从传动装置与发动机的共同工作中，反映出其对燃油经济性所产生的影响。通常由于排挡划分等因素，可以使燃油消耗量相差 15%～20%，但这对于使用燃气轮机的坦克影响要小一些。另外，传动装置的体积和重量对提高坦克的总体性能也具有重要意义。例如，法国"勒克莱尔"主战坦克传动装置的尺寸为 1.03 m×1.562 m×0.67 m，重量仅 1 850 kg。目前的传动装置功率密度为 388～815 W/kg。

8.1.2 坦克传动系统的功用

坦克传动系统是一种实现坦克各种行驶及使用状态的装置，其功用是将发动机发出的功率传递到行走装置；根据行驶地面条件来改变坦克牵引力和行动速度；还可以向转向装置提供转向时所需要的功率。传动系统还可以使坦克具有发动机空载起动、直线行驶、左右转向、倒向行驶、坡道驻车以及随时切断动力等功能。同时，也可以输出部分功率拖动空气压缩机、冷却风扇、水上推进器和各种用途油泵等辅助设备。所以，坦克传统系统的功用可概括为如下几点：

（1）将发动机的动力传给主动轮，使坦克运动；

（2）改变主动轮的扭矩、转速和旋转方向；

（3）使坦克转向和制动；

（4）带动风扇工作。

8.1.3 坦克传动系统分类

坦克传动系统通常由变速机构、转向机构、液力与液压元件、机械与电液操纵系统、润滑与冷却系统以及其他传动机件组成。在总体布置和结构上，它们有许多组合形式，既有各个功能部件串联安装的独立部件式传动方式，也有多个功能部件组装在一个结构内的综合式传动方式。

传动系统的类型可以有多种不同的分类方法。

1. 按传递功率机件的类型分类

（1）机械式：包括固定轴式和行星式机械传动装置。一般传动总效率为 0.85～0.95，但其传动性能相对较差。尤其在与扭矩储备系数较小的发动机匹配时，需要频繁换挡。在俄罗斯 T-80、中国 80 式等坦克中采用。

（2）液力式：液力元件传递发动机全部输出功率的传动装置。该装置的优点是可以减轻驾驶员的操作强度，提高车辆加速性能和传动机件寿命。缺点是变矩器效率在 0.85 左右，其工作时油温散热也需要消耗功率，因而使总功率效率降低。在美国 M5A1、M26 等坦克中采用。

（3）液力机械式：液力元件仅传递部分功率，其余功率由机械机构、液压机构单独或联合传递的传动装置。其特点是传递效率比液力式高，但变速分流功率易受变矩器影响，使得车辆转向半径变得不稳定，而且机构复杂，成本较高。在美 M48 坦克中采用。

（4）液压机械式：液压元件和机械机构各传递部分功率的传动装置。使用液压泵和液压马达可以实现无级改变传动比，能充分利用发动机的功率，从而提高车辆的机动性能。若机械和液压功率分配合理，可以获得较高的传动功率。在美国 M2、M3 等战车上采用。

（5）电力无级调速式：发动机全部功率均由电力装置传递的传动装置，传动特性最理想。具有传递功率范围大、容易控制、操作布置方便、传动效率高、有自适应性能和无级变速性能，但其体积和重量大、加速性能差点。1943 年德国在自行火炮上安装过。

2. 按变速和转向功率的传递方式分类

（1）单流传动装置：变速机构和转向机构串联传递功率的传动装置，即来自发动机的动力，先经变速机构，再经转向机构进而传至侧减速器和主动轮（单流传动系转向时功率利用率差，因而影响机动性能的提高）。

（2）双流传动装置：变速机构和转向机构并联传递功率的传动装置，即从发动机传来的动力，一路经变速机构，另一路经转向机构，两路功率经汇流行星排汇合后再经侧减速器传至主动轮。

8.1.4　坦克传动系统组成

传动系统由齿轮传动箱、主离合器、风扇联动装置、变速箱、转向机构和制动器、侧减速器和操纵装置组成，如图 8.1 所示。

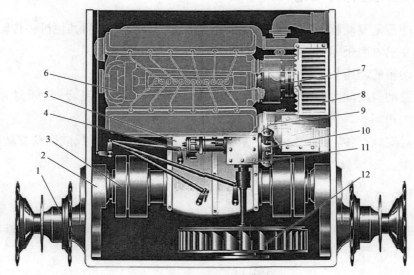

图 8.1　坦克传动系统组成图

1—主动轮；2—侧减速器；3—转向离合器；4—油泵；5—变速箱；6—发动机；7—弹性联轴器；
8—齿轮传动箱；9—主离合器；10—空气压缩机；11—风扇传动装置；12—风扇

坦克传动原理图如图 8.2 所示。

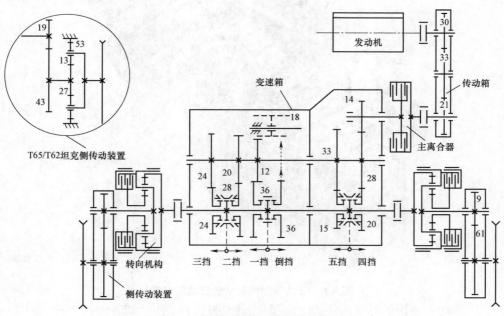

图 8.2　坦克传动系统传动原理图

8.2 62式轻型坦克齿轮传动箱

8.2.1 坦克齿轮传动箱的功用

齿轮传动箱是发动机在车内横向布置时,为解决发动机动力向其他机件传输及满足车辆匹配工作要求时所采用的一种传动部件。

齿轮传动箱的功用如下:

(1)将发动机的动力传给主离合器,并增高转速,以减小主离合器、变速箱和转向离合器所承受的扭矩。

(2)通过安装在传动箱支座上的电动机,经主离合器、传动箱反向拖动发动机起动时,增大起动力矩。

8.2.2 62式轻型坦克齿轮传动箱组成

62式轻型坦克齿轮传动箱由箱体、箱盖、主动轴总成、中间轴总成和被动轴总成组成,如图8.3所示。

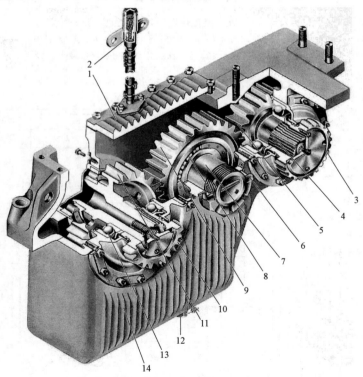

图8.3 62式轻型坦克齿轮传动箱组成

1—箱盖;2—通气器;3—连接齿轮;4—被动轴;5—被动齿轮;6—插销;7—中间轴;8—滚动轴承;
9—中间齿轮;10—连接齿轮;11—主动齿轮及轴;12—放油口螺塞;13—滚珠轴承;14—箱体

发动机工作时，动力经联轴器、主动轴及齿轮、中间齿轮、被动齿轮及轴、联轴器传给主离合器。

8.3　62 式轻型坦克主离合器及其操纵装置

62 式轻型坦克主离合器组成如图 8.4 所示。

图 8.4　62 式轻型坦克主离合器组成图

1—压板；2—被动摩擦片；3—主动摩擦片；4—活动盘；5—滚珠轴承；6—套筒；7—调整垫；8—固定盘；9—变速箱主动轴；
10—固定盘分离环；11—分离弹簧；12—压缩轮盘；13—弹簧；14—注油管；15—弹簧销；16—被动鼓；17—调整垫圈；
18—主动鼓；19—卡板；20—连接齿套；21—滚珠轴承；22—风扇联动装置主动轴；23—胶皮密封圈；24—固定螺帽；
25—锁紧垫圈；26—毡垫；27—接合盘；28—毡垫盖；29—轴盖；30—锁紧垫片；31—螺帽；32—弹簧；33—密封环

62 式坦克主离合器相当汽车多片离合器（用途、组成、工作原理同第 3 章。），62 式坦克主离合器操纵装置采用弹簧助力式，如图 8.5 所示。

在第 3 章轮式车辆底盘构造中介绍过离合器操纵方式有机械式、液压式、气压式、弹簧助力式。驾驶员踩下主离合器踏板，使主离合器分离；松开踏板时，摩擦片在压板弹簧作用下回到自由位置（其用途、组成、工作原理同第 3 章）。

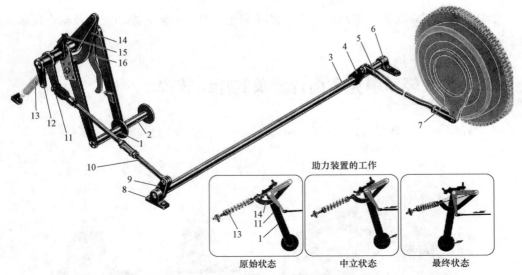

图 8.5　62 式坦克主离合器操纵装置

1—主离合器踏板；2—制动器脚踏板；3—横轴；4—拉臂；5—短拉杆；6—支架；7—活动盘；8—支架；9—拉臂；
10—纵拉杆；11—主离合器位置；12—脚制动拉臂；13—助力弹簧；14—助力弹簧钩板；15—上限制螺栓；16—保险臂

8.4　坦克变速箱及其操纵装置

8.4.1　坦克变速箱的用途

坦克变速箱的用途如下：

（1）在发动机的扭矩和转速不变时，改变坦克的牵引力、运动速度；

（2）使坦克倒驶；

（3）切断主离合器传至转向离合器的动力，使发动机空转。

8.4.2　62 式轻型坦克变速箱的组成及工作原理

车辆变速箱的类型主要有机械式（固定轴式和行星式机械式）、液力式、液力机械式、液压机械式、电力无级调速式等几种。

62 式轻型坦克上变速箱为固定轴式，有主动轴、中间轴、倒挡轴和主轴，如图 8.6 所示。发动机功率经传动箱和主离合器输入变速箱主动轴，再经变速齿轮副传递，从主轴输出。变速箱有 5 个前进挡和 1 个倒挡（组成、工作原理同第 3 章）。

8.4.3　99 式坦克液力机械式变速箱

现代坦克已发展到第四代，传动方面大多已采用双功率流的液力机械式变速箱。所以本节主要介绍液力机械式变速箱。

　　液力机械式变速箱是自动变速箱的一种。它一般是将液力变矩器与机械变速器配合起来使用，可根据发动机的工况自动改变变速比，使车辆的操纵性和动力性能大大提高。

图 8.6　62 式坦克变速箱组成图

1—变速箱体上半部；2—衬套；3—挡油环；4—挡油盖；5—四、五挡挡位指针；四、五挡接臂；7—加油口螺塞；8—衬垫；9—盖板；10—盖板；11—通气器；12—衬垫；13—衬垫；14—轴承；15—轴承盖；16—倒挡轴；17—倒挡齿轮；18—变速箱体下半部；19—箱体系紧螺栓；20—箱体系紧螺帽；21—轴承固定套；22—四挡被动齿轮；23—四、五挡拨叉轴；24—四挡主动齿轮；25—五挡主动齿轮；26—一挡、倒挡拨叉轴；27—一挡、倒挡主动齿轮；28—风扇联动装置中间齿轮；29—二挡主动齿轮；30—风扇联动装置被动齿轮；31—支撑套；32—风扇联动装置锥型主动齿轮；33—风扇联动装置横轴；34—风扇联动装置主动齿轮；35—主动齿轮；36—主动轴；37—风扇联动装置主动轴；38—轴承固定套；39—中间轴；40—滚珠轴承；41—常啮合齿轮；42—挡油盘；43—轴承固定套；44—里程速度表蜗轮轴；45—里程速度表软轴接头；46—连接齿轮；47—锁紧锁圈；48—固定螺帽；49—间隔环；50—调整垫；51—支撑套；52—三挡主动齿轮；53—主轴；54—三挡被动齿轮；55—二挡被动齿轮；56—倒挡被动齿轮；57—滑接齿套；58—一挡被动齿轮；59—五挡被动齿轮

　　液力机械式变速箱由液力传动系统、机械式齿轮变速系统、液压操纵系统、液压或电子控制系统组成。

1. 液力变矩器的组成、工作原理和特性

　　液力变矩器主要由泵轮、涡轮、导轮和变矩器外壳等部件组成，与液力耦合器的最大区别是增加了导轮，如图 8.7 所示。液力变矩器的工作原理是一个可随车辆行驶阻力的变化而自动改变转矩的无级变速器（发动机转速不变）。利用流动的液体（循环圆）传递动能，并可自动变矩（变矩系数 K=1.9～2.5）。

　　液力变矩器工作原理如图 8.8 所示。

图 8.7 液力变矩器组成图

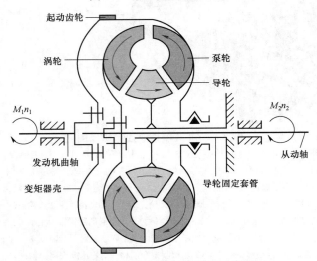

图 8.8 液力变矩器工作原理示意图

液力变矩器有两个重要的特性参数：液力变矩器传动比 i 和液力变矩器变矩系数 K，其定义如下：

（1）液力变矩器传动比 $i=\dfrac{n_w}{n_b}<1$；

（2）液力变矩器变矩系数 $K=\dfrac{M_w}{M_d}$。

2. 99 式坦克综合液力机械式变速箱

99 式坦克综合液力机械式变速箱如图 8.9 所示，其结构组成主要包括四元件综合式液力变矩器双排行星齿轮和液压半自动操纵机构（采用多片离合器，有两个带式制动器）。

综合液力机械式传动装置广泛采用行星传动，其优点是传动效率高，能在体积小、重量小的情况下传递大功率。

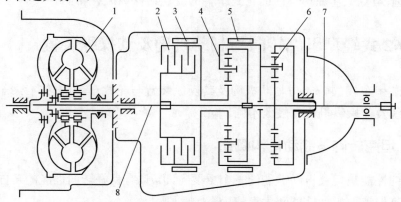

图 8.9　综合液力机械式变速箱结构示意图

1—液力变矩器；2—多片离合器；3、5—带式制动器；4—第一排行星齿轮；

6—第二排行星齿轮；7—输出轴；8—液力变矩器输出轴

8.4.4　62 式轻型坦克变速箱操纵装置

变速箱的操纵方式有直接式和间接式两种。

62 式轻型坦克上变速箱操纵方式是间接机械式的，如图 8.10 所示。换挡方式采用滑动齿套换挡。

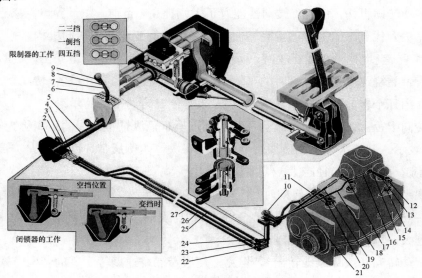

图 8.10　62 式轻型坦克变速箱操纵装置

1—传动杆盒；2—四、五挡传动杆；3—一、倒挡传动杆；4—二、三挡传动杆；5—套管；6—挡位板；7—钢丝绳外套；

8—变速杆；9—闭锁器握把；10—垂直轴注油嘴；11—挡位指标；12—螺栓；13—二、三挡拉臂；14—二、三挡拨叉轴；

15—连接销；16—调整接头；17—一、倒挡拉臂；18—二、三挡横拉杆；19—一、倒挡横拉杆；20—四、五挡拉臂；

21—四、五挡横拉杆；22—二、三挡垂直轴；23—一、倒挡垂直轴；24—四、五挡垂直轴；25—四、五挡纵拉杆；

26——一、倒挡纵拉杆；27——二、三挡纵拉杆

62 式轻型坦克工作原理与前面轮式车辆的变速箱操纵装置相同。

8.5　62 式轻型坦克转向与制动机构及其操纵装置

履带式装甲车辆的转向与制动机构及其操纵装置与轮式车辆的转向系统及其操纵机构、制动系统及其操纵机构有较大不同。

8.5.1　坦克转向与制动机构概述

坦克转向性能是坦克机动性能的一个重要方面。具有良好转向性能的转向机构，在战场上能够提高坦克的机动性能和生存能力。

坦克转向与制动机构配合完成坦克转向、制动和停车或在阻力大的地面上起步。

从坦克问世至今，其转向机构有了很大发展。1905 年，英国人洪斯贝首创了汽车型单差速器，并在车辆每侧加装制动器来实现转向，第二次世界大战前应用在一种超轻型坦克上。在第一次世界大战后期，英国发展并首先使用二级行星转向机。1916 年，法国首次在坦克上使用了结构简单的转向离合器。同年，美国人怀特发明圆柱式双差速器，在 1926 年用于法国一种轻型坦克上。早期意大利在一种坦克上使用的双侧变速箱转向机构，目前在俄罗斯 T−72、T−80 主战坦克上仍在使用。尤其在 1930—1940 年，英国和德国发展的双流传动转向机构，使坦克转向性能有了大幅提高。目前，在世界坦克家族中，以俄罗斯、乌克兰为代表国家生产的坦克转向机构采用双侧变速箱式转向机构。

显而易见，当坦克沿直线行驶时，两侧履带的卷绕速度相等。坦克在多数的转向工况下，两侧履带卷绕速度不同。这时的车辆将向卷绕速度较低的一侧进行转向。

下面介绍几个转向基本概念（图 8.11），以方便对转向机构的学习。

（1）转向半径。坦克转向时，车辆环绕的某点至车辆纵轴中心线的距离称为转向半径，通常以 R 表示。其值大小与两侧履带卷绕速度有关，两侧履带速度差越大，转向半径越小；速度差越小，转向半径越大。

（2）规定转向半径。坦克转向时，转向机构中摩擦元件之间没有功率损失的转向半径称为规定转向半径。其大小仅与两侧履带的传动比有关，没有确定的值。一般来说，规定转向半径越大，车辆的转向性能越好。

（3）制动转向（或称原地转向）。坦克一侧履带卷绕速度等于零的转向方式称为制动转向（或原地转向）。转向半径为 $R=B/2$（B 为车辆的履带中心距）。

（4）中心转向。中心转向是在双流传动的综合传动装置中，处于空挡状态下的一种转向方式。转向特征是一侧履带向前运动，而另一侧履带向后运动，使坦克绕其中心转向。这时的转向半径为零。

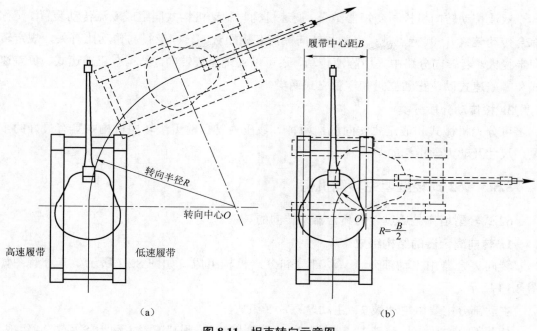

图 8.11　坦克转向示意图

（a）普通转向；（b）制动转向

8.5.2　坦克转向机构分类

坦克转向机构的形式多种多样，结构上差别很大，目前尚没有一个统一的分类方法。通常人们按其某一方面的特征对它们进行分类。常见的有以下几种分类方法。

1. 按两侧履带速度控制性质（或状态）分类

独立式转向时，高、低速履带互不影响，高速侧履带速度将保持直驶时的状态。结构形式有：单流传动中的转向离合器（苏联 T–34、中国 62 式），二级行星转向机（苏联 T–54），双侧变速箱（苏联 T–72）和双流传动的正独立式（苏联 AT–Л 牵引车），零独立式（德国 T–V）等转向机构。

差速式转向时，一侧履带速度的降低值为另一侧履带速度的增加值。结构形式有：单流传动中的单差速器（苏联 T–37）、双差速器（美国 M5A1）和双流传动中的正差速式（美国 M60）、零差速式（采用离合器的德国"豹"Ⅰ 和采用液压机构的德国"豹"Ⅱ）、负差速式（英国"奇伏坦"）等转向机构。

降速式转向时，在低速侧履带降低速度的同时，高速侧履带也按比例降速。结构仅有 3K 转向机构一种。曾用于苏联 T–10，后因转向性能不佳已淘汰。

2. 按功率流数目分类

单流传动转向机构串联在变速箱（或变矩器）后，其特点是直驶与转向性能互不影响、规定转向半径小、转向时功率消耗大。常见的结构有上述的独立式转向机构和差速式转向机构中的转向离合器、行星转向机，双侧变速箱，以及单、双差速器等几种。

双流传动转向机构与变矩器结合，变速机构与制动机构共同组成双流传动装置（又称综合传动装置）。其特点是：直驶与转向性能互相配合，转向半径与传动比有关，规定转向半径大。若转向分路中采用静液传动，还可以实现无级转向。结构有正差速式、负差速式和零差速式以及正独立式和零独立式两类。

3. 按传动介质分类

可分为机械式和液压式转向机构两种。液压式是目前无级转向机构中具有最好的重量、尺寸及动力学指标的一种。

8.5.3　62式轻型坦克转向机构

62式轻型坦克是通过转向离合器来转向的。

1. 转向离合器的结构组成

转向离合器由主动部分、从动部分和分离机构组成，如图8.12所示。其分解图如图8.13所示。

主动部分主要由主动鼓7、主动摩擦片3组成。

从动部分主要由从动鼓1、制动鼓2、从动摩擦片4、侧减速器主动齿轮及轴24组成。

分离机构主要由活动盘17、压板5、分离弹子29组成。

与主离合器在结构上的最大区别是转向离合器的从动鼓外包有制动带。

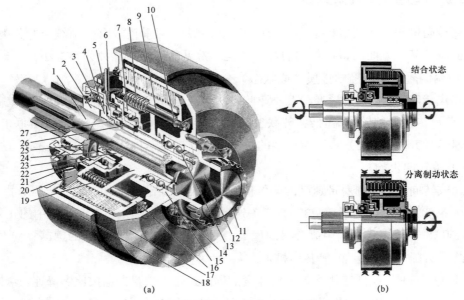

图8.12　62式轻型坦克转向离合器结构

（a）转向离合器的结构；（b）转向离合器的工作状态

1—侧减速器主动轴；2—衬套；3—双排滚柱轴承；4—密封衬套；5—固定盘；6—注油管；7—滚珠轴承；8—弹簧；
9—弹簧销；10—调整垫圈；11—连接齿轮；12—固定螺塞；13—滚珠轴承；14—卡板固定螺栓；15—支撑套；
16—压板；17—主动鼓；18—制动鼓；19—被动鼓；20—被动摩擦片；21—主动摩擦片；22—活动盘；
23—支撑套；24—分离弹子；25—分离环；26—调整垫；27—方键

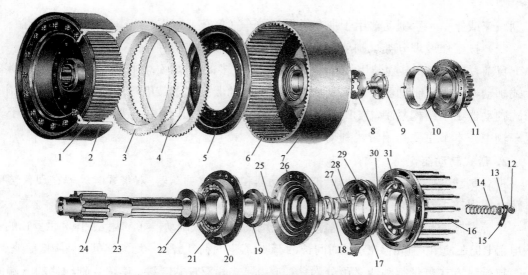

图 8.13　62 式轻型坦克转向离合器结构分解图

1—从动鼓；2—制动鼓；3—主动摩擦片；4—从动摩擦片；5—压板；6—滚珠轴承；7—主动鼓；8—支撑套；9—固定螺栓；
10—支撑套；11—连接齿轮；12—螺帽；13—调整垫圈；14—弹簧；15—锁紧垫片；16—弹簧销；17—活动盘；18—调整垫；
19—密封衬套；20—轴承固定套；21—双排滚珠轴承；22—衬套；23—方键；24—侧减速器主动齿轮及轴；
25—密封环；26—固定盘；27—支撑套；28—套筒；29—分离弹子；30—密封环；31—滚珠轴承

2. 转向离合器的工作过程

转向离合器的构造和工作与主离合器基本相同，与制动器配合工作，使坦克转向与制动。

若分离一边转向离合器，此边履带动力被切断，坦克在另一边履带的推动下转向；同时分离两边转向离合器，两边履带动力都被切断，坦克减速或停车。

8.5.4　62 式轻型坦克制动机构

1. 概述

1）坦克制动机构的定义

通过某种方式对旋转件施加制动力矩或者解脱制动力矩，使其处于减速、静止或者再恢复到原来旋转状态的装置或机构称为制动器。

2）坦克制动机构的类型

制动器的形式种类较多，目前在坦克及装甲车辆上使用的制动器，常按以下的方法进行分类。

（1）按用途及功用分类。

① 换挡制动器：制动行星变速箱中行星排的一个构件以实现换挡。

② 转向制动器：在车辆或传动装置内安装两个制动器，直驶时，两个制动器全松开。转向时，制动一侧转向机构实现车辆转向。

③ 停车制动器：分为脚制动器和手制动器两种，安装在驾驶员处。脚制动器用于使

车辆减速或停车，手制动器用于使车辆保持驻车（停车）状态。

（2）按工作原理分类。制动器可分为摩擦式和液力式两种。

目前，在坦克和其他装甲战斗车辆上，应用较多的是摩擦式制动器。摩擦式制动器有片式制动器、带式制动器、鼓式制动器。片式制动器多用于装甲车辆的行星转向机构中；带式制动器由于结构紧凑，被广泛应用于履带式装甲战斗车辆中；鼓式制动器主要用于轮式车辆中。本节主要介绍带式制动器。

2. 带式制动器

带式制动器按其结构可分为单带式制动器和双带式制动器。双带式制动器在现代装甲车辆上用得较少，下面主要介绍单带式制动器。

单带式制动器由于结构简单、紧凑、松离彻底性比片式制动器好，因此我国和俄罗斯的一些坦克上仍在使用。但其存在安装时间长、制动时径向负荷使磨损不均匀和可靠性降低等缺点。

按操纵方式单带制动器又可分为单端式、浮式和双端式 3 种。单端式制动器的一端固定，另一端为操纵端，它在两个旋转方向上制动效果不一样，曾用作换挡制动器；浮式制动器的两端都不固定，它在两个旋转方向上制动效果一样，并具有双向助力作用，常用作停车和转向制动器；双端式制动器的两端都与杠杆铰接，设计适当时可使制动效果在两个旋转方向上一样。

3. 液力制动器

液力制动器又称为液力减速器，主要由转子（又称动轮）、定子（又称定轮）、充放油及减少转子空气损失的机件组成。该机构通过采用30°或45°的前倾叶片而具有高能容量。

现代主战坦克车重为 40～60 t，最高行驶速度为 60～70 km/h。坦克在高速行驶中，要求它既能迅速改变行驶方向又能迅速减速停车。对于这种使用要求，常用的机械式制动器很难予以满足。另外，单独使用机械制动器还存在着长时间连续工作不安全的因素。

因此，人们将其他地面车辆上使用的液力制动器移植到现代坦克上。其中，德国的 ZF 公司和美国的阿里森公司都有系列产品。德国和法国的公司在传动装置中大量使用液力制动器。我国在重型货车、大型客车以及军用车辆上也有应用。

1）液力制动器的特点

液力制动器的特点主要体现在以下几个方面：

（1）与同尺寸的其他制动器相比，液力制动器在车辆高速时制动力矩大、制动平稳、噪声小、无机械制动时的磨损，工作寿命为其他类型的制动器的3～5倍。

（2）液力制动器的制动力与车速成正比，其性能稳定可靠，最大制动功率由车辆的散热能力决定。

（3）适于长时间连续制动工作，在车辆下长坡时，平均速度可提高 20%；并可减小摩擦或停车制动器的磨损。

（4）与机械制动器联合使用时，由于结构体积小而适用于高速、大功率的坦克装甲车辆及各种车辆。

（5）低速时制动力小、性能差，空转时会产生 4%的鼓风功率损失。

（6）充油及控制精度要求高。

2）液力制动器的工作原理

液力制动器在制动工作时，向旋转机构带动转子叶片和固定不动的定子叶片组成的工作腔内充入工作液后，在转子叶片上产生的制动力矩将使转子转速降低，制动力矩的大小随充液量的变化而变化。这样，通过转子达到了降低旋转机构的转速的目的。制动时，最快可在 0.3 s 内将转子和定子叶轮结合。在制动过程中，旋转机构的机械能被部分或全部转换成工作液的热能。因此，制动系统还需要相应的散热措施将制动热量散掉，以保证液力制动器能够正常、连续的工作。

8.5.5　62 式轻型坦克转向及制动机构操纵装置

（1）用途：操纵转向离合器和制动器。

（2）结构组成：由手操纵装置和脚操纵装置组成，如图 8.14 所示。

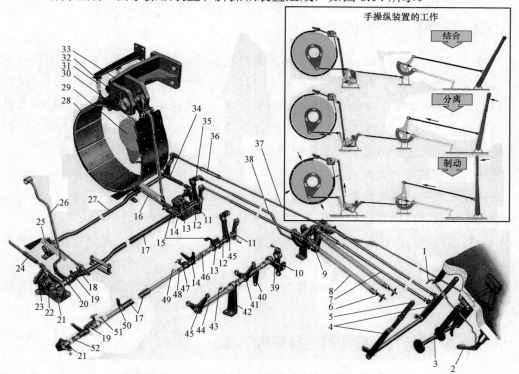

图 8.14　62 式轻型坦克转向及制动机构操纵装置

1—固定器手柄；2—脚制动器踏板固定齿条；3—脚制动器踏板；4—操纵杆；5—航向机枪发射按钮；6—高速螺栓；
7—前纵拉杆；8—助力弹簧；9—双臂杠杆；10—中间支架；11—横轴拉臂；12—连接管拉臂；13—左凸轮；14—双臂杠杆；
15—左拨臂；16—短拉杆；17—横轴；18—短拉杆；19—脚制动器右拉臂；20—右拉臂；21—右凸轮；22—滑轮；
23—右小轴双臂杠杆；24—活动盘短拉杆；25—回位弹簧；26—右垂直拉杆；27—脚制动器横轴；28—制动带；29—活动盘；
30—左垂直拉杆；31—拉力弹簧；32—调整螺帽；33—制动带支架；34—活动盘短拉杆；35—拉臂；36—调整接头；
37—脚制动器纵拉杆；38—后纵拉杆；39—拉臂；40—拉臂；41—双臂杠杆；42—支架；43—方键；44—杠杆轴；
45—衬套；46—衬套；47—脚制动器左拉臂；48—衬套；49—方键；50—右拨臂；51—半圆键；52—衬套

（3）工作过程（手操纵装置）。

① 转向离合器接合：操纵杆在最前位置，活动盘拉臂在最前位置，转向离合器接合，制动带松开。

② 转向离合器分离：将操纵杆拉到分离位置，活动盘拉臂向后转动，使转向离合器分离，动力被切断。但制动带仍处于原位。

③ 制动器制动：将操纵杆拉到最后位置，转向离合器仍然处于分离状态。制动带与制动鼓之间的间隙消失，箍紧制动鼓。拉一边操纵杆，坦克转向；拉两边操纵杆，坦克停车。

④ 脚操纵装置：踏下脚制动器踏板，两侧制动鼓同时被制动带箍紧，坦克停车。手操纵装置与脚操纵装置互不影响。

8.6　62式轻型坦克侧减速器

8.6.1　坦克侧减速器的用途

侧减速器又称为侧传动，它是坦克传动系统的最后一个组成部件。它装在车体两侧的转向机构与主动轮之间，用来降低主动轮的转速，增大主动轮的扭矩。如果传动系统没有侧减速器，只在变速箱、转向机构等部件中减速，那么变速箱、转向机构与制动器等部件就要传递较大的扭矩，使得这些部件的尺寸和重量都将增大，操纵也更加费力。为了避免这种现象，在所有主战坦克主动轮前都装有传动比很大的侧减速器。

侧减速器有两种分类方式。

（1）按传动中减速的次数进行分类。分为一级减速和二级减速两种类型。一级侧减速器能够实现的减速比相对较小；而二级侧减速器能够实现的减速比相对较大。

（2）按齿轮啮合方式进行分类。分为定轴外啮合式、定轴内啮合式或行星传动式等几种。

目前,在坦克装甲战斗车辆中应用较多的是一级定轴式外啮合侧减速器和一级行星式侧减速器。

8.6.2　62式轻型坦克侧减速器结构组成

62式轻型坦克采用的是一级定轴式外啮合侧减速器，如图8.15所示，由齿轮箱体及盖、主动部分和被动部分组成。

8.6.3　62式轻型坦克侧减速器工作过程

由转向离合器传来的动力经侧减速器主动轴、主动齿轮、被动齿轮及轴，传给主动轮，使主动轮转动。

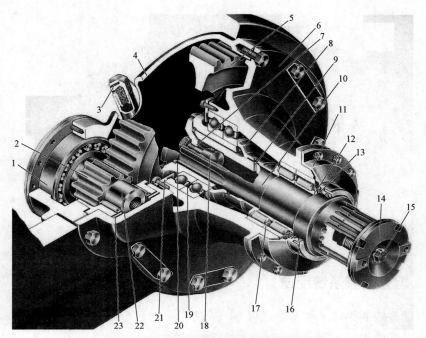

图 8.15　62 式轻型坦克侧减速器结构

1—双排滚柱轴承及固定套；2—主动齿轮；3—通气器；4—齿轮箱；5—被动齿轮；6—齿轮箱盖；7—固定螺栓；
8—支承套；9—通油孔；10—被动轴；11—挡油盖；12—止推环；13—自压油挡；14—主动轮固定螺塞；
15—加油口螺塞；16—毡垫；17—滚柱轴承；18—锥头螺杆；19—滚珠轴承；
20—调整垫；21—压紧盖；22—主动轴；23—游动垫圈

第 9 章
履带式装甲车辆行驶系统

9.1 概述

9.1.1 坦克行驶系统用途

坦克行驶系统的用途主要体现在以下几个方面：

（1）可以承受坦克重量；

（2）可以接受传动装置传来的动力，使坦克运动；

（3）可以缓和坦克行驶中所受到的撞击和震动，提高坦克行驶的平稳性和工作可靠性。

9.1.2 坦克行驶系统结构

坦克行驶系统由履带推进装置和悬挂装置组成，如图 9.1 所示。

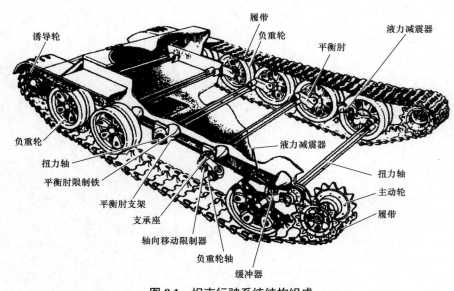

图 9.1 坦克行驶系统结构组成

履带推进装置包括履带、主动轮、负重轮、诱导轮及履带调整器。

悬挂装置包括扭力轴、平衡肘、液力减震器、限制器和支座。

每侧为 5 个负重轮，采用独立扭杆式悬挂，在第一、第五负重轮位置安装有液压减震器，依靠车前一对球面蜗轮杆调整诱导轮位置来实现履带松紧度的调整。

9.2　62 式轻型坦克履带推进装置

9.2.1　履带推进装置的定义与功用

履带推进装置是一种支撑坦克车体以上重量，保证车辆具有良好的越野性和行驶通过性，它可以把发动机经传动装置传至主动轮上的扭矩变为驱动坦克运动的牵引力。对于 20 t 以上的军用车辆来说，采用履带推进装置可使车辆获得大牵引力，并能够提高其越野机动性。但装置本身也存在着使用金属多、工作寿命短、在坚硬和不平地面行驶时功率损失大等缺点。

9.2.2　履带推进装置的类型

目前，在主战坦克及军用履带式车辆上使用两种类型的履带推进装置。其特点如下。

（1）无托带轮型（克里斯型）：采用大负重轮、短平衡肘，具有履带不易脱落、车内噪声小等特点；但装置重量有所增加。苏联 T–62、中国 79 式坦克等采用。

（2）有托带轮型（维克斯型）：采用小负重轮、长平衡肘，可减小因上部履带摆动在铰接处产生的功率损失，降低非悬挂重量，增加负重轮的动力行程。德国"豹"Ⅱ、美国 M1、中国 96 式等主战坦克采用。

9.2.3　62 式轻型坦克履带推进装置的组成

履带推进装置有履带、主动轮、负重轮、诱导轮及履带调整器，如图 9.2 所示。

1. 履带

履带约占行动部分重量的 1/2，常采用铸、锻、焊方法制成。每辆坦克或履带式装甲车辆上有两条履带。

1）履带的功用

（1）保证车辆在松软地面上的高通过性，降低行驶阻力，并对地面有良好附着力。

（2）通过履带和地面的相互作用，实现履带推进装置的牵引力和制动力。

2）履带的类型

履带常有以下几种分类方法。

（1）按照制造方法分类：可分为铸造式、锻造式和焊接式履带 3 种。

（2）按照相互连接的形式分类：可分为单销式履带（图 9.3）和双销式（挂胶）履带（图 9.4）两种。

图 9.2 履带推进装置结构图

1—诱导轮；2—弹簧圈；3—履带销；4—诱导轮轴盖；5—滚珠轴承；6—支撑套；7—滚柱轴承；8—曲臂；9—大衬套；10—蜗轮；11—蜗杆；12—曲臂轴；13—小衬套；14—止动垫圈；15—螺盖；16—平衡肘固定盘；17—扭力轴；18—平衡肘；19—拉杆；20—限制器；21—液力减震器；22—加油口螺塞；23—主动轮；24—固定螺塞；25—加油口螺塞；26—带齿垫圈；27—衬木；28—支撑套；29—负重轮；30—负重轮轴盖；31—衬垫；32—固定螺帽；33—滚珠轴承；34—滚柱轴承；35—衬垫；36—回绕挡油盖；37—螺栓；38—自压油挡；39—插销；40—履带板；41—活门弹子；42—垂直油道；43—自压油挡；44—螺帽；45—活门弹簧；46—工作活门；47—叶片；48—减震器体；49—隔板；50—纵向气槽；51—弧形油槽；52—连接臂；53—定位刻线；54—毡垫

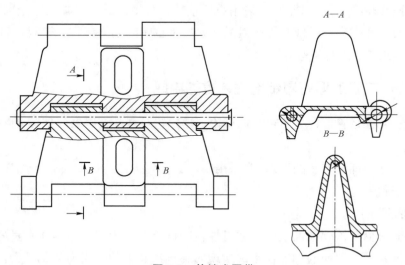

图 9.3 单销式履带

（3）按铰链结构分类：可分为全金属式和挂橡胶式两种。全金属式履带具有结构简单、重量轻、铰链磨损快、平均寿命较低等特点；挂橡胶式履带指部分或全部在底面、滚道、销耳中挂橡胶的履带，具有使用寿命长、行驶噪声小、效率较高、传给传动装置的动载荷小等特点。

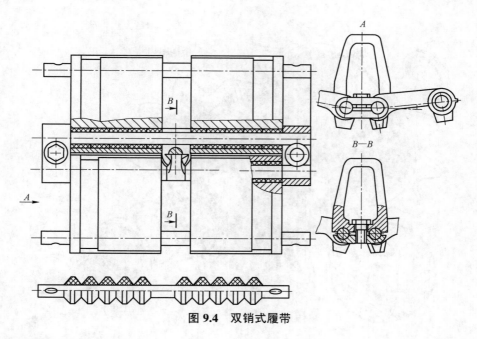

图 9.4　双销式履带

2. 主动轮

每辆坦克或履带式装甲车辆上装有两个主动轮。

1）主动轮的功用

（1）在驱动工况下，连续绕转履带，并将发动机经传动装置传来的功率转换成履带的牵引力。

（2）在制动工况下，将履带的反作用力经主动轮传给传动装置和相应的制动器。

2）主动轮的结构

结构上均为双排齿圈式主动轮，其特点是可降低对各啮合件的载荷，保证履带处于比较稳定的环形状态。它由轮毂、齿圈、带齿垫圈、锥齿杯、固定螺帽和止动螺栓组成，如图 9.5 所示。通过齿轮与履带啮合，将侧减速器传来的动力传给履带而使坦克运动。

3. 负重轮

每辆坦克或履带式装甲车每侧有 4～7 个负重轮。

1）负重轮的功用

负重轮可以支撑车体以上重量，保证车体在履带上滚动。

2）负重轮的类型

按照轮缘数量，负重轮可分为单排和双排两种。

图 9.6（d）（e）（f）所示的单排式负重轮结构简单，用于两栖车辆，还可以增加浮力功能；但将使得履带增重，且散热及排泥能力差，因此多用于轻型装甲车辆。

图 9.6（a）（b）（c）所示的双排结构，多用于主战坦克。

按照减震程度，负重轮可以分为无减震全金属型和有橡胶圈减震型。

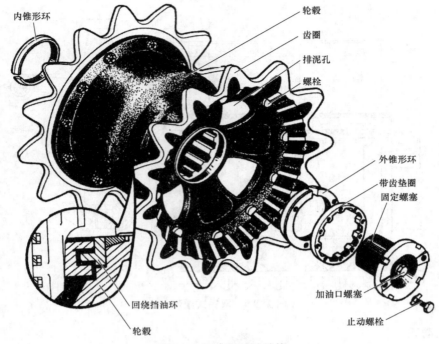

图 9.5　坦克主动轮结构

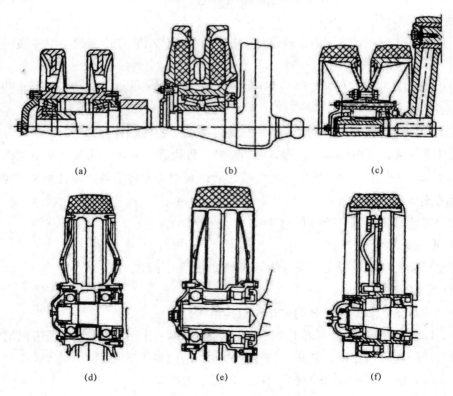

图 9.6　单排负重轮和双排负重轮

4. 托带轮

托带轮主要用来托着上支履带，没有托带轮，履带就会发生撞击。托带轮轴的一端固定在车体上。托带轮直径比负重轮小，它只支撑上支履带，即支撑履带重量的 1/3，以减少履带的振荡。

1）托带轮的功用

托带轮可以托撑上支履带，减小履带在行驶中的摆动，增大负重轮行程。

2）托带轮的类型

托带轮一般按照排数和减震状况两种方法来划分类型。

按照排数分类时，可划分为单排和双排两种。

按减震状况分类时，可划分为有减震型和无减震型两种。

5. 诱导轮

每辆坦克装有两个诱导轮，安装在履带张紧机构上。诱导轮是从动轮，用来诱导和支撑履带，并与履带调整器一起调整履带的松紧程度。它由轮毂、轮盘、滚珠轴承、轮轴盖、固定螺帽、双排滚珠轴承、支承杯和回绕挡油盖等组成。诱导轮的主要功用是支撑上部履带并改变其运动方向。

6. 履带调整装置

1）履带调整装置的功用

履带调整装置依靠车前一对球面蜗轮杆调整诱导轮位置来实现履带松紧度的调整。履带的张紧程度对坦克行驶和履带寿命有较大影响，通过诱导轮张紧和调节履带的松紧程度。

2）履带调整装置的组成

履带调整装置由导向、传动、定位装置和张紧机构等组成。

9.2.4　62 式轻型坦克履带推进装置的工作过程

履带是由主动轮驱动，围绕着主动轮、负重轮、诱导轮和托带轮的柔性链环。履带由履带板和履带销等组成，履带销将各履带板连接起来构成履带链环。履带板的两端有孔，与主动轮啮合，中部有诱导齿（有的诱导齿在履带板的两端），用来规正履带，并防止坦克转向或侧倾行驶时履带脱落，在与地面接触的一面有加强防滑筋（简称花纹），以提高履带板的坚固性及履带与地面的附着力。

不同的使用环境要求履带有着不同的松紧度。一般道路上履带应调至上履带搭在中间 3 个负重轮上不下垂为宜，而且两边履带应保持一致。在山地、多石地和坚硬路面上，履带应当张得紧些，在沙地和雪地行驶应使履带张得松些。为了保持履带的适当张紧度，需要用履带调整器来调节履带的松紧。履带调整器使诱导轮向后摆动到某一个位置，诱导轮就远离主动轮，于是履带被张紧；履带调整器使诱导轮向前摆动到某一位置，履带就变得松些。

发动机的动力不断地由主动轮传出来，主动轮就不断地拨动履带卷绕运动。于是坦克在推进过程中，一方面从诱导轮卷下去的履带被铺在地上，并压在前进滚动的负重轮下面；另一方面则把最后一个负重轮滚过的履带由主动轮卷上来，如此周而复始，形成了一条坦克自行铺设的轨道，而且是一条坦克跑到哪里就铺到哪里的"无限轨道"，向前或向后运动。

9.3　62 式轻型坦克悬挂装置

9.3.1　坦克悬挂装置概述

履带式战斗车辆在高低不平的地面上行驶时，地面通过负重轮传递给车体的动载荷，将会影响车辆行驶的平稳性、操纵性、牵引性以及零部件使用寿命和乘员的持久战斗力。因此，为了提高车辆的越野性能、机件的工作寿命、火炮的射击精度和战场生存能力等，坦克和履带式装甲车辆都是通过各种形式的悬挂装置与负重轮相连的。悬挂装置的性能品质将直接影响到坦克装甲车辆的综合性能。现代坦克装甲车辆悬挂装置的重量通常占到整车重量的 3.7%～7%。

其中，影响坦克机动性能和通过性能的一个重要因素，是作为悬挂装置性能评价特征的负重轮行程。一般来说，增大负重轮行程是提高坦克机动性的一个必要因素。统计显示，第一代坦克负重轮行程为 150～300 mm，第二代坦克为 220～540 mm，第三代主战坦克平均为 500 mm。据资料介绍，以色列"梅卡瓦"MK3 主战坦克悬挂装置采用强力弹簧加螺旋弹簧系统，负重轮垂直行程达 600 mm，车辆能以 60 km/h 速度在恶劣地形上行驶，该系统可靠，数千千米也不用维修，在试验台上可耐 18 g 的冲击。

目前，国外正在进行主动悬挂系统（又称高智能系统）的研究。这个系统利用安装在坦克前端的传感器将连续探测的地形信号送到悬挂系统的弹簧介质，使其产生相应的动作衰减震动，但整个系统复杂，在坦克内布置起来很困难。

9.3.2　坦克悬挂装置的定义、功用及组成

悬挂装置是把车体与负重轮连接起来的所有零部件的总称，其功用是在坦克行驶中减小并衰减由于地面凹凸不平而在车体以上部分产生的动载荷。

悬挂装置由弹性元件、阻尼元件、导向装置和限制器等主要部分组成。

9.3.3　坦克悬挂装置的分类

1. 按弹性元件性质分类

按照弹性元件的性质，可将坦克悬挂装置分为金属弹簧和液气弹簧两类。

1）金属弹簧

常见的金属弹簧包括以下几种。

（1）扭力轴弹簧：在第二次世界大战开始使用，最大悬挂行程可达到 510 mm，目前主战坦克普遍采用。

（2）螺旋弹簧：在第二次世界大战时多种坦克采用，其特点是单位重量储能小，车内占用空间大，能达到的最大悬挂行程为 200 mm。目前，以色列"梅卡瓦"MK3 主战坦克悬挂采用强力弹簧加螺旋弹簧系统组合使用。

（3）碟片弹簧：工艺性能好、容易调整弹簧刚度，最大悬挂行程为 270 mm，但使用性能不理想。仅在瑞士 Pz61、Pz68 坦克上使用过。

2）液气弹簧

瑞典"S"坦克首先采用，可达到的最大悬挂行程为 600 mm。目前，英国"挑战者"、法国"勒克莱尔"、俄罗斯 T–80 等主战坦克均采用。

弹性元件除了上述种类外，在汽车和其他机构中还使用钢板弹簧、橡胶弹簧和空气弹簧等。

2. 按载荷传至负重轮的方法分类

按照载荷传至负重轮的方法，可将坦克悬挂装置分为独立式、平衡式和复合式 3 种。

1）独立式

在独立式悬挂装置中，车体分别与负重轮相连，在现代履带车辆中广泛采用。

2）平衡式

在平衡式悬挂装置中，将两个以上负重轮安装在同一个机构上。它装在车辆外，更换迅速，但影响负重轮行程。最早在坦克上使用的是法国 FT–17 坦克，目前多用于轮式装甲车辆。

3）复合式

在复合式悬挂装置中，兼有上述两种机构的特点，现在使用较少。

3. 按车体震动控制状态分类

按照车体震动的控制状态，可将坦克悬挂装置分为被动式悬挂装置和主动式悬挂装置。

1）被动式

由独立式或非独立式悬挂装置组成，简单可靠，已经广泛采用。

2）主动式

可根据行驶条件改变悬挂装置特性，正在研制中，尚未进入实用阶段。

9.3.4　扭力轴悬挂装置

这是一种技术最成熟、成本最低、各国采用最多的悬挂装置。随着高强度扭杆的发展，其性能已达到或接近液气悬挂装置。

1. 扭力轴悬挂装置的特点

扭力轴悬挂装置的特点有以下几个方面：

（1）单位体积材料吸功能力高，尺寸和重量比较小，占用车内空间小；

（2）结构简单、重量轻、工艺成熟、可靠性及保护性好，不需要维护。

（3）因车体底部设备布置困难，而需要将车体高度增加 100～150 mm；

（4）更换时复杂费力。

2. 扭力轴悬挂装置的分类

1）按扭力轴的结构形式划分

按照扭力轴的结构形式，可将扭力轴悬挂装置分为单扭力轴、双扭力轴和束状扭力轴。

（1）单扭力轴：结构最简单、应用最广泛。因其长度贯穿整个车宽，使悬挂装置的刚度及剪应力较小。1938 年，在德国Ⅱ型坦克上最先采用。

（2）双扭力轴：包括两根实心或一实一管同轴式结构。同轴式结构的特点是可减小悬挂装置占用车内的空间，改善车辆可操作性，但它却难以实现大悬挂装置行程。两根扭力轴可依次或同时扭转，依次扭转可降低装置的等效刚度和扭力轴内应力，同时扭转可增加装置的刚度。

（3）束状扭力轴：由一束细而短的扭力轴组成。扭力轴应力较小，可用于大负重轮行程和大扭转角的工作条件。但是，它和双扭力轴的共同缺点是结构复杂、可靠性差，其大的外径将增加车体高度。

2）按扭力轴左、右侧布置方式划分

按照扭力轴左、右侧布置方式，扭力轴悬挂装置可分为不同轴式和同轴式两种。

9.3.5　液气悬挂装置

这是一种利用密闭容器内的高压气体作为弹性元件的悬挂装置，其工作原理是依靠控制动力机构和储气筒之间的液体流量来实现减震功能。工作介质介于纯气体和纯液体悬挂之间。工作时容器内的气压在 14.7 MPa 以上。

液气悬挂装置最早用于 1960 年定型的瑞典"S"坦克，其主要作用是为固定在车体上的火炮提供射角。日本 74 式坦克的液气悬挂则是用来变换车高的，以便提高越野性能。它们均属于第一代安装在车内的液气悬挂装置。

第二代安装在车外的液气悬挂主战坦克有英国"挑战者"、法国"勒克莱尔"、俄罗斯T-80、巴西"奥索里沃"、日本 90 式、韩国 88 式等。它们共同的特点是体积小、彼此独立，易于修理更换。其中，日本 90 式坦克车体可在正常位置上升 170 mm 或下降 255 mm（车高最低降低至 2.08 m），据称中弹率比普通坦克降低 30%左右；法国"勒克莱尔"坦克上采用液气悬挂动行程为 300 mm，静行程为 109 mm。

中国第三代坦克也采用液气悬挂装置，弹性元件和阻尼元件均安装在平衡肘内，体积比前两代悬挂装置更小，其特点可归结为：结构简单、氮气热膨胀、车体距地高和履带张紧力变动量小、拆装方便和维修性好，采用高速阻尼低而低速阻尼高的多片湿式摩擦减震器与弹性元件分离安装，并借助车体将工作热量散掉。如果用它取代扭力轴悬挂装置可以达到节约车内空间、延长履带寿命、提高射击精度、改善乘坐舒适性的效果。

1. 液气悬挂装置的特点

液气悬挂装置具有以下特点：

（1）具有良好的非线性弹簧特性，其刚性随负荷的平均值增加而增加。

（2）可以提供较大的负重轮行程。

（3）容易进行车体高度、前后俯仰、左右倾斜，以及当车辆布置发生变化时车体状态的调整。

（4）安装在车外，并将弹性元件与阻尼元件制成一体，便于加工，兼顾总体布局，拆装方便。

（5）可改善火炮射击的平稳性，建立可控悬挂系统。

（6）结构复杂，密封要求与加工成本高。

（7）－40 ℃以下低温性能不佳，维修性与可靠性不及扭杆悬挂装置。

（8）车底距地高不易控制，在困难地面行驶超出散热能力时性能不稳定。

2. 液气悬挂装置的分类

1）按弹簧结构特点和液气分隔方法分类

（1）无分隔式：对控制和补偿的外部液压渗漏无要求。

（2）有隔片式：隔膜重量小，工作时无摩擦，可减小储气筒的尺寸。

（3）活塞分隔式：工作可靠，但储气筒尺寸大。

（4）同轴叶片式：非悬挂重量小，容易制成整体式，工作腔压力大，密封及隔板开关复杂，需要补充渗漏，制造工艺性差。

2）按油缸与气室布置方式分类

（1）整体式：弹簧各组件、支架、平衡肘均装在一个构件内，工作可靠性高，保养方便。

（2）分立式：各元件单独布置，可充分利用有限的空间。

9.3.6　减震器

1. 减震器的功用

减震器可以吸收悬挂系统的能量并将这一部分能量转化为热量散掉，以便达到衰减车体震动、限制共振状态下车体振幅增大这一目的，它具有不可逆吸收转换功能。

2. 减震器的分类

1）按布置方式分类

按照布置方式，可将减震器分为筒式、杠杆式和同轴式 3 种类型。杠杆式又可分为活塞式、叶片式和摩擦式 3 种。

筒式减震器结构简单，工艺及密闭性好，工作性能稳定，但防护性能最差。目前，在军用履带式车辆上广泛采用。

活塞式减震器（杠杆式的一种）尺寸小，容易布置，但工作能量小且使用寿命短而不适于高速车辆。

叶片式减震器（杠杆式的一种）可分为密封和不密封两种。密封式减震器的布置防护性及散热好，而制造比较复杂，重量和体积较大，密封困难，气体易变性，性能也不稳定。工作液为透平油和变压器油各 50%。

摩擦式减震器（杠杆式的一种）在德国"豹"Ⅱ坦克上的 10 个减震器均采用该类型，其摩擦片寿命可达 10 000 h。

同轴式减震器有叶片式和摩擦式两种，在布置时不受负重轮行程限制，可靠性高，易于保养维修，同时也不削弱车体防护，但其受热后易使扭力轴强度下降。

2）按工作原理分类

按照工作原理，可将减震器分为液压式和摩擦式两种。

液压式减震器在结构上又可分为叶片式、摆杆式、筒式等几种。

摩擦式减震器具有减震阻力与负重轮行程成正比，与负重轮和车体之间相对速度无关，由主、被动摩擦片的摩擦来实现的摩擦阻力可使车体震动按等比级数进行衰减，正反行程减震阻力相等等特点。

9.3.7　62 式轻型坦克扭力轴悬挂装置

62 式轻型坦克的悬挂装置为扭力轴悬挂装置，它的弹性元件为扭杆弹簧、液力减震器为摇臂式，此外还有平衡肘、限制器、支座等。即主要由平衡肘、扭杆轴（扭杆弹簧）、拉杆、连接臂和液力减震器构成，如图 9.7 所示。

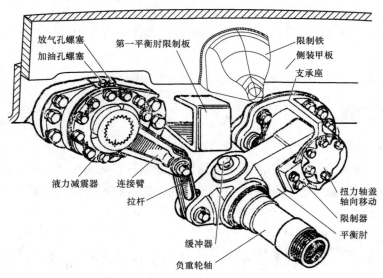

图 9.7　62 式轻型坦克悬挂装置

9.3.8　坦克悬挂装置工作过程

坦克在不平道路上行驶遇到凸起障碍时,车体产生震动,负重轮与车体发生相对运动。当负重轮相对车体上升时,平衡肘经拉杆带动连接臂向上转动,液体经液力减震器内的工作阀门流动,由于流动阻力较小,因此扭力轴能充分扭转而吸收能量,缓和了对车体的冲击。在负重轮通过凸起障碍后,扭力轴回转,将吸收的能量释放出来,使车体相对负重轮上升。车体上升到一定高度后,又在重力作用下下降,使扭力轴扭转,而扭力轴回转时又将车体顶起。这样反复就形成了车体的振动。由于车体上升时,液力减震器内产生很大的液体摩擦,消耗了扭力轴释放出的能量,因此可使震动很快衰减,其原理同轮式汽车的筒式减震器。

参 考 文 献

[1] 陈家瑞. 汽车构造 [M]. 5 版. 北京：人民交通出版社，2006.

[2] 刘增禄. 陆战机动平台概论 [M]. 北京：国防工业出版社，2009.

[3] 郑幕侨. 坦克装甲车辆 [M]. 北京：北京理工大学出版社，2003.

[4] 孙伟. 装甲车辆构造 [M]. 北京：兵器工业出版社，2006.

[5] 闫清东，张连第，等. 坦克构造与设计 [M]. 北京：北京理工大学出版社，2006.

[6] 军事天地网. http://www.cnnb.com.cn/new-gb/jstd/system/2008/05/12/005587014.shtml

[7] 西陆网. http://club.xilu.com/emas/msgview-821955-1311964.html.

[8] 方言. 92 式轮式步兵战车实战试车报告 [J]. 国际展望. 2004-11.

[9] 只能打静态目标——中国 92 轮式步兵战车. 网易. 2016-03-17.

[10] 92 式轮式装甲车. 环球网. 2016-03-17.

[11] 上合军演中方 92 轮式步兵战车参演. 中国网. 2016-03-17.

[12] 解放军 92 轮战开赴中缅边界造型霸气. 搜狐. 2016-03-17.